居家裝潢好風水！

好宅風水禁忌 **250**解

CONTENTS

Part **3**

設計師破解！住宅常見10種NG風水格局

風水諮詢及設計師DATA

■ 風水專家

孫建馳

身兼陽宅風水師與室內設計師，從小就喜歡接觸五術、命理、風水。著作《裝潢好風水》、《圖解居家風水完全通》漂亮家居出版。

黃友輔

為中華民國易經學會易數理主講教授、中華民國道家學術研究會副理事長、台大易學研究社指導老師，著有《陽宅開運好人生》、《居家開運好風水》等書。

詹惟中

鑽研紫微、陽宅風水，為電視、廣播風水節目主持人，著有《搶救風水大作戰》、《城市風水師：破解恐怖的家庭風水》等書。

蔡上機

為中國易經哲學研究發展協會創會理事長、蔡上機易經命理諮商工作室諮商師，著有《好家在有好風水》、《買屋租屋開運風水》等書。

謝沅瑾

為金鼎獎十大傑出星象命理學家、中華堪輿擇日師協會學術顧問，著有《居家風水教科書》、《人性化風水室內格局設計》等書。

余雪鴻

易經哲理學家，精通陽宅風水、紫微斗數、八字等，並在網路上主持余雪鴻開運館。

■ 設計師DATA

Easy Deco藝珂設計
電話：02-2722-0238
EMAIL：service@easydeco.net
網址：www.easydeco.net

成舍室內設計
電話：0809-080-158
EMAIL：fullhouseid@mail2000.com.tw
網址：www.fullhouseid.com

玳爾設計　朱志峰
電話：02-8992-6262
EMAIL：dgdesign@ms24.hinet.net
網址：dgdesign.pixnet.net/blog

鼎爵設計工程　呂明穎
電話：02-2792-0990
EMAIL：lmy2149@ms46.hinet.net
網址：www.ding-jyue.com.tw

權釋國際設計　洪韡華
電話：0800-070-068
EMAIL：service@twcreative.net
網址：www.allness.com.tw

摩登雅舍　王思文・汪忠錠
電話：02-2234-7886
EMAIL：vivian.intw@msa.hinet.net
網址：www.modern888.com

王俊宏室內設計　王俊宏
電話：02-2391-6888
EMAIL：wchdesign@gmail.com
網址：www.wch-interior.com/newwch

江榮裕建築師師事務所＋居逸設計　江榮裕
電話：02-2655-0570
EMAIL：roy@g-e.tw
網址：www.g-e.tw

演拓室內設計　張德良・殷崇淵
電話：02-2766-2589
EMAIL：ted@interplaydesign.net
網址：www.interplay.tw

馥閣設計　黃鈴芳
電話：02-2325-5019，02-2325-5028
EMAIL：seren@folkdesign.tw
網址：www.folkdesign.tw

藝念集私　黃千祝・張紹華
電話：02-8787-2906，04-2381-5500
EMAIL：design.da@msa.hinet.net
網址：www.d-a.com.tw

我的家，住起來會健康、招福納財嗎？
測驗你的居家風水知識力

單坪金額高的豪宅，不完全等於吉屋，購屋前先測試自己對居家風水的了解，
看看自己的居家風水IQ分數有多高！準備好了嗎？請作答。

文_劉繼珩　風水諮詢_黃友輔、詹惟中、蔡上機、謝沅瑾

黃有輔　　　　　詹惟中　　　　　蔡上機　　　　　謝沅瑾

是非題（答對一題得1分）

☐ 1. 買房子只要自己喜歡就好，不用理會迷信的風水。

☐ 2. 大門外的空間不是我家，髒亂一點較不會引來竊賊覬覦。

☐ 3. 大門、後門一直線，是通風極佳的好宅。

☐ 4. 交通方便、生活機能佳，也是良好居家風水的條件之一。

☐ 5. 看房子時注重格局，就能買到風水好屋。

☐ 6. 位於巷子末端的房子，就是清靜的好宅。

選擇題（答對一題得1分）

☐ 7. 測量居家風水方位時，可使用的工具有：A.羅盤 B.指南針 C.google地圖 D.以
　　　上皆是 E.以上皆非。

☐ 8. 住宅大樓的外型形狀最好是：A.三角形 B.上大下窄型 C.方正形 D.圓頂形。

☐ 9. 住家中的廚廁不可在哪個方位？A.東方 B.南方 C.西方 D.北方 E.正中間。

☐ 10.住家進門後，最不宜先看到哪些空間？A.廚房、臥室 B.玄關 C.陽台 D.客廳。

解答

1.(X)**謝沅瑾老師**認為，風水並非全是迷信，而是有邏輯推理的科學根據，舉例來說，風水上認為採光好、格局方正的房子是吉屋，這樣的房子住起來舒適、心情好，心情好自然也會影響到各項運勢的發展，是相輔相成的道理。

2.(X)**黃友輔老師**表示，大門外的空間，在風水上來看是主管業務推展，若是不打掃乾淨使之明亮、清潔，不但會引來鄰居不滿，也會影響運勢，且財神也會不願進入髒亂之家。

3.(X)**詹惟中老師**表示，前後門一直線是風水上的「穿堂煞」，會導致破財、財運不佳等狀況，最好能設置屏風或玄關，以免錢財留不住。

4.(O)居住的便利性是現代人購屋的重點，**黃友輔老師**認為，住家是否距離捷運站近、停車位是否好找、覓食是否方便等，都應該列入考量範圍。

5.(X)**詹惟中老師**表示，看屋時應注意形煞、味煞、音煞，因此屬於形煞的格局固然重要，是否會聞到隔壁家的油煙味、是否有潮濕發霉味、是否聽得到噪音等，都必須仔細觀察與評估。

6.(X)**謝沅瑾老師**解釋到，巷子終止在房子前的格局，風水上稱為「無尾巷」，雖然除了住戶較無人會進出，但遇到火災時卻可能無路可逃，且隨著巷子進來的煞氣也會聚集在此，容易影響健康與財運。

7.(D)居家空間難免會受到電器的電磁波和輻射等影響，因此**謝沅瑾老師**提醒，在使用羅盤與指南針時必須先在戶外測量，且最好多點測量較為準確，此外，**蔡上機老師**表示，亦可使用網路上的google地圖或GPS定位系統等，只要輸入所在地址即可輕鬆定位。

8.(C)方方正正的大樓外觀是最佳的選擇，**詹惟中老師**表示，從高處俯瞰若大樓呈三角形或有缺角，有著缺東缺西的意涵，也就容易缺財；若是下窄上大的大樓，因頂樓加蓋造成此形狀，就像大頭娃娃頭重腳輕，易有負債的傾向；**謝沅瑾老師**則認為，圓頂形的大樓像墳墓，也不適合居住。

9.(E)**詹惟中老師**表示，住宅的中心點代表家運興衰，讓充滿污穢之氣、油煙的廁所或廚房居中，是大大不利的格局，會使全家臭氣流竄，導致疾病不斷。**黃友輔老師**更提醒，廁所也不可在廚房內，不但水火相剋，還會有耗財、漏財的結果。

10.(A)**黃友輔老師**表示，住家的格局順序必須內外分明，外指的是與外界相通場所，如客廳；而內則是較私密的區域，如臥室、廚房等，因此進門若即見臥室或廚房，客廳反而隱匿在最後方，是屬容易破財的內外不分格局。

分數統計

10分：恭喜你！對於居家風水非常有概念。

8分以上：不錯喔！再多留意小細節就更棒了。

6分以上：普普囉！加強一下居家風水知識會更有幫助。

5分以下：小心了！購屋前請多做功課，實地仔細觀察為佳。

　　即使你家無法沒有百分百符合這些利多條件，還是可以透過好的空間規劃，藉由室內設計師的專業設計，不論是調整格局、改變門窗方位的硬裝修，或是採用佈置軟件進行軟裝修，破解風水狀況題，NG宅也有機會逆轉勝，趕快翻開下一頁！

Part 1
開運風水DIY！
找出自己的居家好方位

為自己招來好運，是每個人所期望的，風水講的是人的氣與空間的磁場變化，當兩者不對盤的時候，就容易對身心造成影響。如何改變空間的磁場，解決面臨的困境呢？從改變居家空間應該是最容易的。想要判斷自己的居家磁場有沒有問題，得要先認識自己居家的位置，從入門的辨識方位開始！

找出自家風水密碼的第一步！
認識房屋的方位與坐向

文_孫建馳　圖片提供_漂亮家居資料室

電梯大樓式住宅，居家方位不是以自家大門為準，而是要看大樓的出入大門。

想知道自己家裡的風水好不好，得先要認識居家的方位、坐向，然後才能正確找出財位、文昌位、天醫位，再針對目前發生的問題，尋求化解的方法。陽宅風水方位基本上分為東、東南、南、西南、西、西北、北、東北八個卦位，平均各佔45度，卦名依序為震、巽、離、坤、兌、乾、坎、艮。

居家方位並不是憑經驗從日出方向判定，而是要用指南針或羅盤實地測量。

坐向以外格局大門入口決定

宅卦的坐向，是以外格局來定卦向，獨棟式住宅自然沒有問題。公寓、大廈建築則以整棟公寓、大廈進出的大門來決定。封閉社區建築則以管理員旁的進出大門來決定卦向，而後才參考自宅大樓的卦向。一般人在自宅中心點上，以面向大門位置所定出之卦向，那是錯誤的方法。

陽宅分為外六事，與內六事。以外六事為主，看的是大環境風水，而內六事為輔，外部環境無法改變，只能制、化，但屋內格局自己擁有自主權，只要不涉及結構安全，敲樑、拆柱、打牆，傢具愛怎麼移、怎麼換，只要礙不到別人，誰也管不著，所以才有提出研究探討的價值。

一般人對方位的認識只限於東、西、南、北，而且大多認為早上太陽出來的方向就是東方，實際狀況並沒有這麼單純到可一概而論。因為一年四季，太陽出來的位置並非一模一樣，角度最多會差到40度之多。所以不可用目測來決定方位，否則誤差就大了。

手持指南針，求出好宅卦

如果僅以早上日出的方向來定方位，所論出的風水好壞，會有天壤之別。因此若是沒有看到現場，或是沒有準確的羅盤「指南針」，千萬不可論斷風水，否則原本沒有問題的配置，被誤診之外，還被提出了錯誤的建議，往後造成不好的結果，這份業力，恐怕不是一般人能扛得起。以下提供找出住宅卦位的步驟：

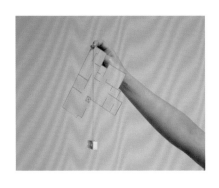

STEP 1 求出正北0度的位置

　　站立在屋子中心點上，持指南針找出正北0度位置，在平面設計圖上標示出正確位置。（使用指南針時，必須遠離金屬、樑、柱及電器用品，手機最好關機。）

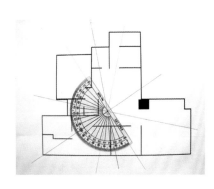

STEP 2 繪出八方正確位置

　　將分度器中心點對準平面設計圖中心點，以0度為準，往左右各22.5度畫出兩條直線，此範圍即是坎位（北方），而後每45度成一卦位，依此即可將正確的八方位置依序標示出來。

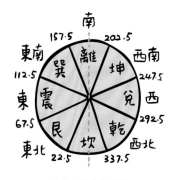

方位與卦位對照圖

STEP 3 求出宅卦

　　手執指南針站在大樓門口（或社區大門口），選定垂直的目標，查看指南針上的度數，對照標在平面圖上的八方位置，換算成卦向，即是宅卦、宅向。舉例：指向15度，即可知是離卦，向坎。

知識解說

■ 何謂「八方」

一般人對方位的認識多半只在於東、南、西、北，
對東北、東南、西北、西南方位較沒概念，而且對
每個方位所佔的角度位置也不是很清楚，這樣就會
影響到空間方位的判斷，所以一定先認識這八個方
位及所佔的角度位置。基本上東、南、西、北的位
置，指的是正東、南、西、北左右各15度的位置；
而東北、東南、西北、西南的位置則是正東北、東
南、西北、西南左右各30度的位置。

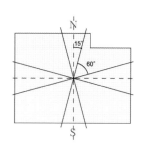

■ 如何知道房子的正中間位置在那裡？

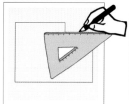

O1 畫出格局配置圖

如果你沒有設計師或建商提供的格局配置圖，你
可以先畫張空間的草圖，拿出量尺從房間西北邊
的角落開始往南丈量，將每個空間的尺寸記下
來，再依先前測量的尺寸畫在依比例縮小格子的
繪圖紙上，並將每個空間都標示出來。

O2 剪下格局配置圖

拿出剪刀，沿著格局
配置圖框線將格局配
置圖剪下來備用。

O3 找出正中心的位置

將格局配置圖先上下對摺，再將左右
對摺，摺點的中心就是房子正中間的
位置。如果房屋並不是完整的正方形
或長方形，則不管其缺角的部分，還
是取左右及上下最邊緣的位置，為對
摺的邊線。但若是L型的空間，則兩
邊的長方形都要各取一個中心點。

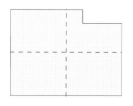

找到居家開運風水不求人！
DIY算出自己的居家好卦位

資料與圖片提供_Easy Deco藝珂設計

客廳造型天花，也蘊含聚財的風水意涵。

臥房床位擺設學問多，床頭避樑和床要有靠是基本原則。

玄關利用牆面設計和圓滿意象，營造氣勢也聚納財氣。

每個人都有自己的居家方位密碼，以下提供從西元出生年推算自己的居家方位（命卦）公式：

一、男命

西元年次的數字加總，直到化為一位數，再以11減去這個數字，答案即為所求。

例如：1978年出生，即為1+9+7+8=25 → 2+5=7 → 11-7=4

答案數字4即為所求。

二、女命

西元年次的數字加總，直到化為一位數，再以這個數字加4，答案即為所求，但若答案為兩位數，則需再加總直到化為一位數。

例如：1978年出生，即為即為1+9+7+8=25 → 2+5=7 → 7+4=11 → 1+1=2

答案數字2即為所求。

求得一數後，就可依下表判斷自己的方位

一	二	三	四	五	六	七	八	九
坎	坤	震	巽	男坤女艮	乾	兌	艮	離

東四命：凡落點在坎離震巽4個方位，稱為東四命。

西四命：凡落點在乾坤艮兌4個方位，稱為西四命。

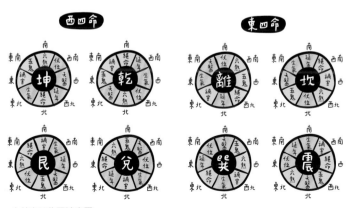

命卦吉凶位置速查圖

想要運勢旺不見得要用大紅大紫，溫和的大地色系讓心情平靜愉悦，放鬆思考更靈活。

■ 八星吉凶作用速查表

同一位置，因命卦不同，各有不同的喜、吉、凶、煞作用，稱為八星。八星純屬符號名詞，就像是數字和代碼的意思，僅代表含括意義，「絕命」與死亡無關，「五鬼」也不代表鬧鬼。

星名	吉凶	作用	影響
生氣	吉	積極性	做事積極，活動力強，精力旺盛，充滿魄力，性欲增強。
延年	吉	協調性	具協調力和説服力，隨和且有耐性，會受到別人肯定。
天醫	吉	舒展性	生活安逸，睡眠穩定，身體健康煩惱少，心境平靜。
伏位	吉	穩定性	重視家庭，責任感強，工作認真，賺錢欲強，性欲減弱。
絕命	凶	混亂性	心思混亂，憂愁煩悶，失望矛盾，造成內分泌失調，身心疾病。
五鬼	凶	暴力性	焦躁不安，與人不合，易生衝突，人緣不好，做事徒勞無功。
六煞	凶	破壞性	判斷力差，易生錯誤，招致失敗，睡眠不足，煩惱多。
禍害	凶	消極性	雜事干擾，信心不足，容易疲倦，懶散虛弱，腸胃不好。

■ 坐向對照表

東四命	坎	坐北朝南	東四宅
	離	坐南朝北	
	震	坐東朝西	
	巽	坐東南朝西北	
西四命	乾	坐西北朝東南	西四宅
	坤	坐西南朝東北	
	艮	坐東北朝西南	
	兑	坐西朝東	

提示：東四命配東四宅，西四命配西四宅，才能增福納祥。

■ 財位對照表

		主財位	偏財位
東四命	坎	西南	北
	離	東北	南
	震	東	西北
	巽	西南	東南
西四命	乾	西	西北
	坤	東	西南
	艮	東北	西北
	兌	南	東南、西北

　　以上為八宅財位，找出屋內財位後，首先檢查是否明亮乾淨，且須能聚集氣為佳，陽宅招財首重客廳，以順序來說，客廳＞餐廳＞臥房，若屋內財位與上述區域重疊，則有錦上添花的效果，找到財位後，再觀察是否為安定面或安定角落，若為安定面則更能加強聚集和停留的效果，反之則需使用屏風或較厚重的窗簾遮擋，以加強輔助聚集旺氣的功能。有些學說會直指「入門對角處」為財位，這是一種模稜兩可的說法，應該解釋為「安定面＋吉方」重疊時，才是最佳財位。

但若有以下狀況，則非理想財位：
1. 廁所佔財位
2. 財位髒、亂
3. 廁所正沖財位，財難聚
4. 財位無靠（不安定）
5. 納財處有樓梯向下
6. 財位忌紅色太重（求賺辛苦）
7. 財位忌黑色太重（守財不易）
8. 大門對廁所，主耗財

■ 文昌位對照表

東四命	坎	坐北朝南
	離	坐南朝北
	震	坐東朝西
	巽	坐東南朝西北
西四命	乾	坐西北朝東南
	坤	坐西南朝東北
	艮	坐東北朝西南
	兌	坐西朝東

開運風水check point！
從居家三大格局檢視風水好宅

客廳是居家公共空間的重心，也風水好壞會影響全家人的運勢。圖片提供_唐源設計

玄關是連接戶外和室內的通道，風水上主財運，除了要好好規劃，也要保持整潔。圖片提供_藝念集私

主臥的風水，會影響夫妻感情、事業的運勢。圖片提供_唐源設計

　　有句話說：「門、主臥、灶為陽宅三要」，意思就是在居家風水中，「門」的方位、「主臥」的位置與「灶」的方位，是一定要注意的要點，而這三大空間與財運、事業運也息息相關，因此在選購房子時，一定要先知道與風水相對應的區塊為何，主掌的風水意義又是什麼，才能買到最旺的好宅。

大門、玄關主掌事業與財運

　　住宅出入的主要通道是大門，在風水學中，大門主掌全家人的事業，而進門後的玄關處則稱為內明堂，因為緊貼著主掌事業的大門，所以象徵著因事業上所雖知而來的財富，因此玄關在風水上主財路，也就是大家口中的財運。既然有內明堂，當然就有外明堂，外明堂指的就是大門外的區域，主要掌管事業外的區域，在風水上主遷移、人際關係以及對外業務的推廣，對於財運與事業運也有影響。

　　整體而言，大門內外的內明堂和外明堂，都與事業、財路以及事業發展有關，因此此處的空間規劃好壞與否，足以影響全家人的前途與錢途。

臥房代表個人事業與財運

　　屬於個人私密空間的臥房，在風水上主掌個人綜合運勢，其中包含個人的事業、財運和婚姻等。如同大門與玄關的關係，臥房的房門在風水上主要掌管個人的事業前途，而臥房門外的空間就好比外明堂，代表個人的對外人際關係以及遷移運勢，臥房房門進來的地方就是內明堂，則掌管個人財運。

　　臥房內的梳妝檯也和個人財運密不可分，古代女性用來藏放嫁妝等值錢首飾的地方就是梳妝檯，因此梳妝檯在風水上主掌個人的私房錢。若是單身者的房間，不論男女最好都要設置梳妝檯，才會留得住私房錢，如果是與室友或家人共用梳妝檯，則兩人財運皆會受影響，至於夫妻兩人同住的主臥，建議可以靠向財運較佳的人，讓財運好上加好。

突出的樑柱若過大，容易造成壓迫感，透過空間規劃適度修飾，除了好看，也可化解風水上的禁忌。圖片提供_博森設計

爐台相當於古時候的灶，在風水上被認為是財庫的象徵。圖片提供_禾秝空間設計事務所

整理儀容的化妝檯，在風水上被認為和私房錢的財運有關。圖片提供_演拓設計

廚房格局攸關財庫盈虧

　　古時候要看這家人有沒有錢，從餐桌上的食物吃得好不好就可窺得，因此製作料理的廚房在風水上代表財庫，也是理財能否增財的風水位置，而錢是否留得住，廚房的格局就顯得相當重要了。

　　廚房中不可少的瓦斯爐，也就是古代的灶，象徵錢財的吸收力、財庫的守護力以及全家人的健康，此處若是規劃得宜，錢財自然易進，財庫也就飽滿，這也是為什麼「開門見灶易漏財」的原因，因為這樣的格局等於讓錢財外露，財富流失也是自然的事情。

知識解說

■ 認識自己的幸運色

陰陽五行分木、火、土、金、水，都有其代表色，也都有其相生及相剋的對象。如何知道自己是屬什麼，代表色是什麼很重要。若是想要讓自己更好，像催桃花就要多用相生的顏色，相反要是防外遇，就用相剋的顏色。基本上每個人的陰陽五行的屬性是要根據生辰八字去推算，此外，還可依自己出生年的尾數去推算。

民國出生年尾數	五行屬性	五行代表色	五行幸運方位
1或2	木	綠	東
3或4	火	紅	南
5或6	土	黃	中
7或8	金	白	西
9或0	水	黑	北

Part 2

軟硬裝修全破解！
居家開運風水128問

你還停留在「居家風水」＝「迷信」的階段嗎？《漂亮家居》facebook民調結果可能要推翻你的既定印象喔！因為大部分的網友都自認對居家風水有一定程度的重視，而且超過三成的網友都想知道更多居家風水開運的秘訣！新年除了除舊佈新、清潔居家空間、給家裡一個全新面貌之外，你是否也會順道檢視居家的風水狀況？適度了解重要風水禁忌，或許更能趨吉避凶，讓你一整年都有好運相伴喔！

屋外及陽台玄關區

住宅的風水好壞，除了看室內，當然也要看屋外狀況，屋外指的就是建築物外的大環境，至於陽台玄關則是家中的出入口，其重要性不言可喻，這幾個區域有什麼不可不知的風水禁忌呢？

001

我們家從我阿公那輩就住在苗栗後龍這裡了，老家門前本來是農田，後來被政府徵收去開路，也不知道他們怎麼規劃的，竟然有一條路直沖我家大門，陳情很多次也沒用，請問路沖的狀況有什麼辦法可以改善嗎？（苗栗的花花）

大門正對直行馬路，車流往家門口直行而來，形成所謂的「路沖」。攝影_Amily

A：家中大門正對直行馬路，等於煞氣直沖家門而來，形成大多數人都知道的「路沖」，白天車流沖散福氣，夜間車頭燈直射又會影響室內，是影響運勢很大的壞風水。要化解路沖，有人會用鏡子反射的方式，分散煞氣，要注意的是，千萬不要掛成八卦凸鏡，在光學上，照到凸鏡的光線會在鏡後成束集中，正像反映鏡中，虛像則在鏡後，這樣的特性在風水上，反而是將四方煞氣聚納入室；凹鏡的光學原理和凸鏡相反，光束集中在鏡前，鏡面反映的遠方景物是上下顛倒的，利用這個反轉顛倒的現象，可化解一些煞氣。這裡建議不妨採用「門前植樹法」，種植一排高於220公分的樹木，便可化解。

OO3

　　我家是透天厝，大門前剛好有一根電線桿，是沒有對到正中間，大概會遮到三分之一的門。老一輩的鄰居都說這會「煞到」，我阿公不相信這些說法，但我阿媽一直很在意，請問這樣算有「煞到」嗎？（桃園楊梅的Linda）

A： 大門前方正好有一根無法忽視的電線桿，尤其電線桿若與門口距離很近，已經有點擋到出入動線時，在風水上被稱為「穿心煞」，風水上象徵前途受阻，建議可掛置八卦凹鏡化解。

電線桿若阻擋到大門出入動線時，在風水上被稱為「穿心煞」。攝影_Amily

住宅的圍牆用在界定範圍，過高會形成壓迫感，也會影響室內採光。圖片提供_ISIT

OO4

　　金瓜石老家幾年前改建，因為那一帶觀光客愈來愈多，經常會有人在門口探頭窺視，所以我們有特別交代師傅圍牆要弄高一點，結果好像弄得有點太高了，除了客廳變暗，我也有點擔心是否對風水會有影響？（新北市瑞芳的郭太太）

A： 風水上建議圍牆不要高過門楣，如果圍牆過高，整間屋子就會形成類似監獄的感覺，自然非吉兆。而且圍牆與屋子也不該靠得太近，建議至少要有250公分以上的距離。

OO4

　　我家是在台北廈門街的老公寓，附近很多鄰居都在和建商談都更，正前方的老公寓前兩年也拆了，正在蓋兩棟電梯大樓，讓我們擔心的，除了日照權受影響，還有強風問題，因為那兩棟大樓的棟距不大，而且那個間隙剛好正對我家……，這樣的情況算是「風煞」嗎？（台北中正區的阿傑）

圖片提供_漂亮家居資料室

A： 這種情況在風水上稱為「天斬煞」，風流從兩棟建築間直沖而來，間隙愈小，煞氣愈大，影響不可謂不小，但化解的方式很多，譬如在門前增建停車廊、種植一排樹叢遮掩等都可迴避。

台灣住宅區中常見宮廟，但住家若位在神廟正後方，是風水中的一大禁忌。攝影_Amily

OO5

　　我太太前年聽朋友的推薦，私自作主買了一間預售屋，蓋好後我去看了差點沒昏倒，因為新房子的正前方不遠處就有一間廟！我記得前方有廟的房子風水上是大凶，對嗎？（基隆的萬先生）

A： 沒錯！信眾到廟裡拿香跪拜神明，如果你家剛好在神廟正後方，等於順道接受信徒的膜拜了，這樣的跪拜，不是一般人有能耐承受的，算是風水中的一大禁忌，所以這種房子盡量不要買。

OO6

我兒子預計年底結婚，他們小倆口一直在看房子，希望脫離租屋生涯，最近我陪他們去看一間新屋，屋況是還不錯，不過門前的馬路不是直的，有一點彎度，好像聽老一輩的人說過，這叫「鐮刀煞」，這樣的房子可以買嗎？（新北樹林的宋老師）

圖片提供_漂亮家居資料室

A： 住宅門前若有彎曲道路或河流經過，而且道路或河流的圓弧度就像是一把弓箭或鐮刀般地對著住宅，一般稱為「反弓煞」或「鐮刀煞」，彎曲度通常是偏為半月形的形狀，也有接近直角的彎曲度，總之愈彎愈兇，風水上認為這類的住宅會讓入住者易有血光之災，但可用種植一排樹叢的方式化解。

住家門前的高架橋形成所謂的「直流水」風水。
攝影_Amily

OO7

台北居大不易，所以我和太太選擇落腳在房價還算可以接受的新北市泰山區，誰知道前幾年政府在我家大樓附近規劃了一條高架快速道路，雖然我家在12樓，但還是有高架橋從家門過的感覺⋯⋯，請問這樣的住家會有風水問題嗎？（新北泰山的成爸爸）

A： 在高架橋或快速道路沿線經常有一整排的建築，這在台灣頗為常見，住宅前方若有這類車流快速的道路或流速很快的河、溪經過，風水上稱為「直流水」，等於是門前天天有一堆過路財神，但沒人會留下來，代表財運會不佳，同時，噪音與廢氣也都會影響居住者的心情，建議可以的話就搬離。

OO8

我住的這條巷子都是透天
厝，我家正前方的鄰居，房子本來
比我們矮一層樓，後來他在頂樓加
蓋一間小閣樓，大概只佔了一半的
頂樓空間，現在那間閣樓的斜屋
頂，有點正沖我家三樓中央，向鄰
居抗議也沒用，我爸媽對此都很
不開心，但其實我不懂這有什麼好
在意的啊？（高雄的阿良）

大樓的尖角若對到住宅，稱為壁刀煞。圖片提供_漂亮家居資料室

A： 如果住家附近的建築物，形成尖角狀且正對家門正前方，或是風流會沿著
正對面建築牆面吹向你家，這在風水上都是一種「形煞」，可能是「尖角煞」
或「壁刀煞」。由於台灣人口稠密，建築物蓋得密集又雜亂，有時候很難避免這類
形煞，建議看狀況掛置山海鎮化解煞氣。

建築物一樓高於路面，在風水上認為氣場較能流通。圖片提
供_漂亮家居資料室

OO9

我們這一區的地面本來就比
馬路再低一點點，這10多年來政府
一直重鋪馬路，現在很明顯的，路
面高出一樓地面頗多，雖然說沒有
淹過水，但看起來很不美觀，這樣
在風水上，有沒有不好的地方呢？
（台北文山區的筠筠）

A： 建築物的一樓地面若低於路面，風水上認為，這會讓屋內的廢氣不易向外流
出，形成淤積的氣場，也會讓居住者容易心生鬱悶，影響個人運勢，若是開
店做生意，則容易影響事業運與財運。

010

　　我和妹妹在網拍上賣衣服已經賣了好幾年，今年想要開實體店面，在士林看到一個租金、大小和位置都還可以接受的店面，唯一的問題是，店門口剛好有一個人行天橋，請問這樣的店面可以租嗎？（台北士林的Vicky）

店門前方有人行天橋，雖然人潮往來多，但多為過路財神。攝影_Amily

A：　住宅前方若有人行天橋，給予行人往內窺探的機會，易造成入住者的不安心感，若是在此開店，除非店門正好對準上、下人行道的入口，不然人潮容易過門而不入，都只會是過路財神，建議再考慮一下。

玄關若要掛鏡子，適合裝在側邊牆面。攝影_梁康維

011

　　我家客廳是方正型的，因此幾年前整修時，在客廳特別做一道正對大門的牆面，等於是隔出玄關空間，本來我媽在玄關牆上掛畫，最近我把畫換成一面橢圓掛鏡，結果被家人反對。在玄關處掛鏡子可以方便大家出門前整理儀容，為什麼不能掛呢？（基隆的佩怡）

A：　玄關裝設鏡子本無誤，但適合裝設在側邊牆面，大門是財氣的入口，若開門後就正對鏡子，等於把財氣、好運都反射出去，因此一般建議大門不要正對鏡子。

012

板橋這裡，巷子多又亂，我家剛好是在巷子的盡頭，就是大家常說的「死巷」，不過住久了其實也不會覺得怎樣。之前有個略懂風水的朋友來我家玩，他一看到我家的巷子就直搖頭，住死巷有這麼不好嗎？起碼很安靜啊！（新北市江子翠的菁菁）

A：沒有後路可退的巷子，被稱為「死巷」或「無尾巷」，的確有人認為住此類巷尾可擁有較高的私密性，但是，這種巷子時而氣不通暢，時而強風直灌，算是風水中的禁忌，一般不認為是最適宜的住家選擇。

住在氣流不通暢的無尾巷，是住家風水中的禁忌之一。攝影_Amily

風水上一般會建議住家不要臨墳場太近。攝影_Amily

013

每次我說我住在台北信義區，朋友都會故作羨慕地說：「哇！妳住在豪宅區耶！」但其實我根本不是住在繁華的市中心，而是附近有墳墓的邊陲地帶……，住家臨墳場太近真的不好嗎？我媽以前一直說要搬家，但是看這幾年台北的房價，我想我們應該一輩子都會住在這裡吧！（台北信義區的郝小姐）

A：臨墳場太近的住家，一般來說是不建議居住，因為墳場四周可能充斥一種比霉菌還小的細菌，同時也可能有一些靈氣與怨氣，在風水上認為並非吉兆，但若住得心安理得且長年安住無大礙，也可不用太過在意。

014

　　我家附近的房子一直蓋起來，一棟比一棟高，我們住的是自己的獨棟房子，只有兩層樓，但現在四周都是8層或12層以上的高樓，我覺得壓迫感很重，不知道在風水上是不是也不好？（新北市五股的李先生）

A：房屋四周被高樓包圍，或是左右被高樓夾住，便形成風水上指稱的「四害煞」，不但日照、通風都會受影響，屋內更易累積濕氣與陰氣，有可能會影響居住者的健康運勢。

鄰家屋四邊高我家低，便形成風水上的「四害煞」。攝影_Amily

活動式鞋櫃設計活用樓梯下方空間，刻意規劃的玄關牆面，也化解開門見梯的情形。圖片提供_大衛麥克國際設計

015

　　北上工作這幾年，都是租挑高夾層型的小套房，之前我住的套房，房東把樓梯設計在儲物櫃後方，所以不會開門見梯，但是我現在住的地方，開門後就直接看到樓梯，這樣的風水是不是比較差？（台北中山區的Joy）

A：挑高小套房常見開門見樓梯的設計，但這樣的格局被認為有損健康運勢，最好透過設計將樓梯隱藏起來，譬如藏牆壁後方、玄關端景後方等，盡量不要一開門就看見樓梯。

O16

　　去年從舊公寓搬到現在住的電梯大廈，我們這裡是一層6戶住家，但我家的大門剛好會對到電梯，搬進來後覺得運勢不是很順，被放好幾個月的無薪假，有點擔心大門對到電梯的風水有問題。（新竹的何小姐）

電梯直對家門口，等於是路沖。圖片提供_Virginia

A： 大門對到鄰居大門已經不太好了，開門即見電梯，在風水上來說就有如路沖，加上電梯成天上上下下所產生的煞氣直衝大門，有傷財、傷姻緣的疑慮。如果可以改門避開樓梯與電梯是最好，但對於公寓或大樓住宅較困難。

O17

　　我家的玄關地毯大概已經放了兩年多了，因為太忙所以都沒有洗過，聽說玄關的地毯如果太髒，也會影響風水？（新北市汐止的賴小姐）

A： 一般家庭都會在玄關放置腳踏墊或玄關地毯，原意是要阻擋從戶外進來的壞氣，如果長期放任玄關腳踏墊髒汙不潔，不但原本的好意大打折扣，也會影響全家運氣。陽台是外明堂，玄關是內明堂，玄關髒亂，等於內明堂受污染，因此，要維持玄關整體清潔，才能為家中招來好運！

大門側邊設計了可隱藏的抽拉式全身鏡，具屏風遮蔽效果，又可當穿衣鏡使用。攝影_王正毅

O18

　　我的房東自以為新潮時髦，裝潢時在玄關上方跟兩側都設計鏡片，整個玄關變得超閃亮！每次回家一進門，都有一種好像要登台的感覺，這樣的玄關風水應該很不錯吧？（台北基隆路的Sammy）

A： 在玄關側邊安裝鏡子，讓居住者在出門前可以整理儀容，本來並無不妥，但是鏡片裝置在天花板就不太好了，進門抬頭就見倒影，這是乾坤顛倒，犯了風水大忌，建議避免這種裝潢。

開運妙招

■ 隨時保持居家「最佳狀態」

屋內原則上最好不要有「髒」、「亂」、「破」、「舊」的現象，如果能時時維持「新」、「亮」、「香」、「潔」的感覺，東西用完隨手放好歸位，燈管壞了立刻換新……整個空間的氣場自然會好，住在裡頭心情也會愉快舒服，頭腦思緒清楚，判斷不會失準，家運自然也會跟著好。

O19

自從我們幾個小孩離家工作後，家裡只有媽媽一個人住，最近幾次回家，發現喜歡買古董飾品的媽媽，開始在家裡堆積很多「蒐藏品」，尤其後陽台根本是寸步難行了，這樣對家裡的運勢不太好吧？（台南的蔡小姐）

前陽台主官運，後陽台主財運，前、後陽台都應該保持整潔，不要堆積雜物。圖片提供_西捷空間設計規劃事務所

A：後陽台影響家庭財運，如果後陽台髒亂、堆積雜物，則家中財運容易停滯不前，建議盡量清掃後陽台，以維持整潔、增進財運。

玄關要維持清潔感才能招來好運，鞋子和雜物不要隨意堆擺在玄關地面。圖片提供_IS國際設計

O2O

我的鞋子多到鞋櫃都放不下！所以玄關地板上，擺放了好幾雙常穿的鞋子，鞋子外露會影響玄關風水嗎？（新北市中和的周小姐）

A：鞋子宜藏不宜露，大門為居家的「氣口」，是運氣的入口，也是納財之處，若把鞋底不乾淨的鞋子隨意亂擺在玄關地面，等於是把外面帶進家裡的汙穢之氣放在納財之處，當然對風水有不好的影響，建議將鞋子收納在有門的鞋櫃內。

■ 內外明堂維持整潔迎財運

大門內外的空間，在風水上稱為「內明堂」和「外明堂」，而在此區域中最常見到的就是進出需要穿脫的鞋子了，如果在這個主財運的區域中，任憑鞋子及雜物散亂一地，同時又帶有難聞的氣味，不但空氣中會瀰漫著穢氣，阻擋財運的到來，就算有錢財收入，也會很容易毫無節制地花光。

原本大門正對走道底的廁所，因此刻意設計了玄關櫃，破解大門與廁所門對沖的問題。攝影_游宏祥

O21

　　我租的套房，大門玄關剛好面對著廁所門，大家都說這是壞風水，該怎麼辦呢？好煩惱喔！（新北市板橋的艾麗）

A：大門對上廁所門，代表進入家中的好運氣有被污染的可能，不妨利用屏風、門簾做遮擋，或是在廁所門前擺放綠色植物，改變氣流方向。

利用特殊櫃面設計，將廁所門隱藏於櫃面之中，破解開門見廁的風水禁忌。圖片提供_大衛麥克國際設計

O22

　　我們家是老房子，大門一開就會看到往地下室走的樓梯，本來住了大半輩子也沒什麼事發生，但這幾年家裡開的店生意愈來愈不好，想改一下家裡格局，看能否轉運……。（新北市淡水的趙媽媽）

A： 大門一進門就對著往下方走的樓梯，意謂著開門錢財容易隨著陡降的階梯滾下樓代表著家庭運勢會往下走，財運每況愈下而導致漏財，建議稍做格局變更。

小空間不用再刻意設置玄關屏風櫃，以免阻礙生活動線。空間住得舒適開心，有時比符合風水原則更能提升運勢。圖片提供_絕享設計 攝影_林福明

O23

　　我和姊姊合租了一間套房，家裡就夠小了，但是姊姊硬是要創造出「玄關」，就在入門處正前方擺了一個超高的鞋櫃，等於大門對著鞋櫃，一進門就有一種無形的阻礙感，這算是壞風水嗎？（台北內湖的小虹）

A： 傢具擺放位置，如果阻礙了生活動線，會有事事不順的疑慮，恐將影響情緒和運勢，而且房子若太小，就不用刻意規劃出玄關，鞋櫃也不宜過大。小空間不用再刻意設置玄關屏風櫃，以免阻礙生活動線。

O24

　　我們家是10多年的電梯華廈，一層有6戶，原本的走道設計就不寬敞，每一戶的大門都是正對走道牆，請問這算是觸犯了風水禁忌嗎？（台中的小蘭）

A: 　大門正好面對走道牆，若走道寬度不足200公分，則屬於「出門碰壁」的風水，對居住者的事業運有不太好的影響，如果走道寬敞則沒有影響。

走道寬敞、大門不對牆，能提升入住者的事業運。圖片提供_大山空間設計

若在陽台或屋外庭園種植植物，一定要好好照顧它們，否則家中植物枯死，對運勢反倒有不好的影響。圖片提供_成舍設計

O25

　　家裡的小前院原本只放幾盆盆栽，但我弟媳嫁進來後，開始買了好多大小盆栽，但是她買了又不好好照顧，現在前院像是有一整片枯萎的植物一樣，有種死氣沉沉的陰森感……家裡的植物枯死會影響家運嗎？（澎湖的筱君）

A: 　不少人喜歡在庭院或陽台種植植物，適度美化陽台庭院確實能增強家庭運勢，但要注意，一定要好好照顧植物盆栽，若不用心照顧、整理修剪，讓它們隨意枯死，對運勢反倒有不好的影響，倒不如不要種植盆栽。另外還要注意，最好不要在居家種植竹子或榕樹，風水上認為這些植物會招陰，而且榕樹的根部穿透力強，容易破壞水泥建築或房屋地基。

026

終於實踐多年的夢想，在新竹郊區蓋了自己
的房子！是一棟兩層樓、6房2廳的建築，房子坪
數不小，空間也很寬敞，全家人都滿意，不過，當
初堅持選擇一個風格很獨特的門片，實際裝上
後覺得有點偏小，房大門小在風水上有問題嗎？
（新竹的Paul）

A：不管是「房大門小」或「房小門大」，
都不算是好風水，房大門小意味屋主
個性拘謹，做事格局會愈來愈小、難成大器；
房小門大則代表屋主會變得虛榮、不夠腳踏
實地。門片尺寸應與室內面積對稱，過大或
過小都不好。

住家大門應與空間大小比例相稱，過大或太小
都不好。攝影_許芳銘

陽台在風水上有緩衝的功能，一般都建議保
留陽台，不要隨意打掉、破壞。圖片提供_大
涵國際室內設計

027

小孩相繼出生，家中空間顯得愈來愈小，我
先生一直想打通前、後陽台，增加室內空間，請
問家裡陽台外推會影響居家風水嗎？（新竹竹東
的程太太）

A：許多人喜歡將陽台外推，但陽台在風水
上其實有緩衝的功能，一般建議保留
陽台，不要隨意破壞，尤其前陽台主官運，後
陽台主財運，對軍、公教人員來說，住在有前
陽台的房子內，升官運勢會更好。

開運妙招

■ 保留陽台，象徵財路事業有轉圜空間

從大門進入後的陽台，在寸土寸金的都市中，經常為了使家中空間變大，而選擇將陽台外推，變更為室內空間用途，這樣做雖然能增加使用坪數，但在風水上陽台是主掌對外事業拓展的外明堂，打掉陽台等於是斷了財路，自然也就無法納財，且陽台連接室內與室外，象徵做事有可攻可守的空間，因此若少了陽台，在事業上也就少了轉圜餘地，無法進退自如。

住家大門，指的是進入室內的那道門。圖片提供_中介設計

O28

人家都說房子大門對到電線杆不好，我家住二樓，大門進來是陽台，陽台還有一道門才會進到室內，到底哪個算是大門？（台北南港區的鄭媽媽）

A： 有些住家可能進門之後是一個陽台，再進去才有一扇門或滑軌式的落地窗，「大門」指的就是這扇門或落地窗，而不是從樓梯間進來，進入前陽台的那扇門。

O29

看電視節目，風水老師說玄關主掌財運，最近剛好買房子正在和設計師溝通平面圖，是不是把玄關作得大一點，財運就會超旺？（桃園南崁的吳小姐）

玄關大小要看房屋的大小合理配置。攝影_Yvonne

A： 主掌財路的玄關，並不是越大越好，而要視空間大小決定。太狹窄的玄關會使人綁手綁腳導致處事不順，而過於寬廣的玄關又有空間太大，吸不進氣的感覺，反而容易使自己負荷過重，對於財運、事業運都有影響。

老屋經常有樑柱粗大且多的問題。圖片提供_博森設計

O3O

購屋預算有限，只好放棄新屋，改看30年以上的舊公寓，之前看了一間公寓三樓，環境位置不錯，但就是樑柱很多而且很突出，其是進門就有一根大樑穿過，感覺壓迫感很重，這樣的房子，會有風水上的問題嗎？（台北南港區的鄧先生）

A： 承受整棟樓壓力的橫樑，若從大門外由門頂垂直穿入大門內的區域，也就是主掌財運的內明堂，站在風水角度上而言，有著壓迫又侵略全家人財物的象徵，容易發生金錢財物被搶奪，財運與財路被阻斷的狀況。

水在風水中象徵財運，常會應用在居家設計中。圖片提供_鼎爵設計

O31

最近聽到老一輩的鄰居在講：「進門見水，容易漏財、破財。」我家只有一個陽台位在大門入口，一進門就看到洗衣機和洗衣水槽，這樣是不是很不好？（新北市三重的盧媽媽）

A： 風水學中有說到：「山管人丁，水主財」。因此「水」若是處理不當，財運自然不會好。既然水代表財，如果一進門就看到水，即代表錢財外露，漏財、破財的機會當然也就增加，這裡的「水」包含哪些項目呢？舉凡水龍頭、水槽等都算，所以應該避免入門就被看到才好。如果陽台空間還算充裕，建議調整洗衣機和洗衣檯的方位，或是利用開門方向避開視線來化解。

開運妙招

■ 水流要向室內才會聚財
想用流水招財，要注意水的「流向」。像是有流水的畫作、魚缸內的打氣機、招財流水盆等，其水流的方向都要朝向屋內，才能達到聚財、招財的效果，若是方向流向大門，財運也就隨之流走了。

客廳區

客廳是一家人共同活動、使用的空間，客廳的風水好壞被認為會影響到全家的
運勢，因此也是許多人最重視的居家空間之一。或許你已經聽過幾個客廳風水
禁忌，接著看看還有哪些客廳風水禁忌是你之前不知道的！

沙發最好後面有牆或是矮櫃可依靠。設計師在沙發後方規劃開放式書房，有效運用空間，也化解沙發無靠的情
形。圖片提供_大雄設計

O32

　　我一直夢想住在Loft風格的住家，希望可以在空曠的客廳中央擺放沙發，傢具也不
用太多；不過，之前看到命理老師在電視上說，沙發最好是靠牆放，不然會影響風水，
是真的嗎？（基隆的揪咪）

A：沙發背後如果沒有實牆，代表沒有靠山，入住者也會缺乏安全感，如果真的
不想靠牆擺放沙發，可以在沙發後擺放矮櫃或屏風，創造出「人造靠山」的
效果。

以弧形電視牆、依柱體位置重新隔間，化解30年歪斜格局老屋難用的畸零空間。圖片提供_德利設計

O33

　　去年買的預售屋最近完工了，但是想到要怎麼裝潢就很傷腦筋，因為空間格局不是很方正，客廳還有一點菱形，覺得有點難規劃，也有點擔心這樣的風水是不是不好？（桃園的小孟）

A： 建築體本身的結構導致空間不方正的情況頗為常見，因此產生多角形或不規則形的空間，容易造成屋角煞氣，易影響居住者健康且不易聚財，這時不妨用傢具或裝潢盡量讓空間變得方正，也可考慮在屋角擺放盆栽或櫃子，以修飾、填補空角的方式，化解煞氣。

平整的的地板，傢具擺起來平衡，視覺上也比較舒服。圖片提供_上陽設計

O34

　　我們家是30年的老國宅，前幾年我就有發現客廳地板有點傾斜，但是我先生一直不願意花錢整修，聽鄰居說地板傾斜會影響運勢？（台北環河南路的黃太太）

A： 地板不平、傾斜，在風水上象徵著全家運勢會不穩定，建議盡早改善。

鏡子能放大視覺空間感，使用上還是要適度，以免過多倒影引人不安。圖片提供_上圖 權釋國際，下圖 台北基礎設計中心

O35

為了讓客廳看起來大一點，設計師在客廳用了很多鏡面材質，沙發後方牆面還掛了一個長方形的古典鏡，用這麼多鏡子，在風水上看來是吉兆嗎？（台北內湖區的Apple）

A： 鏡子上風水上有使「能量加倍」的作用，掛放鏡子本無問題，但是在沙發背後加裝鏡子，當你坐在沙發時，若旁人可從鏡中看到你的後腦，容易讓人產生不安感，一般建議沙發後方不要掛大型鏡子。

O36

　　我們家要在宜蘭蓋自己的房子，可是樓梯的位置一直搞不定，因為不能對到大門，我爸後來決定把樓梯放在房子正中央，這樣的風水有問題嗎？（宜蘭的阿琳）

A: 樓梯設置在房子正中央，等於將一個家一分為二，有影響家人感情、增加家中口角的疑慮，因此規劃樓梯位置時，應避免將樓梯設置在房屋正中央。

不要將樓梯設置在房子正中央，避免讓一個家「一分為二」。攝影_張克智

O37

　　大家都聽過穿堂煞，我也知道就是不要大門與後門連成一直線，我家是沒有大門通後門，但是大門一開就可見客廳落地窗，這樣也算穿堂煞嗎？（新北市新莊的邱先生）

A: 窗戶和門都是氣的進出口，大門與窗戶或後門連成一條線，只要氣能直接穿堂進出，無法聚集於室內，就算是穿堂煞，在風水上是易漏財的象徵，只要做一個玄關屏風櫃、線簾或是掛上窗簾遮掩即可。

利用玄關櫃化解穿堂煞的問題。圖片提供_PartiDesign Studio

開運妙招

■ 用隔屏或玄關櫃化解穿堂煞

設置屏風或櫃體的原因在於降低光線和氣流的對穿，因此使用的材質應以不過於透明、透光為主，建議可選擇烤漆玻璃、白膜玻璃或噴砂玻璃等。

茶几尺寸應搭配沙發和客廳的大小，避免比例失衡的狀況產生。攝影_張克智

038

我老婆這幾年迷上鄉村風，傢具一個一個都被她換成歐式實木傢具，最近在客廳換了一個幾乎跟家裡的雙人沙發一樣長的茶几，她說很有南歐式鄉村風的感覺，但我記得茶几太大好像有不好的風水含意？（台中的張總）

A： 茶几面積如果過大，有「喧賓奪主」的象徵，不是良好的風水配置，建議要依照沙發、客廳大小，去選擇比例適當的茶几。

039

我有親戚在沙發後方擺設大型的魚缸，魚缸就好像變成沙發後上方的一幅畫一樣，效果很好，所以我也想仿照，可是魚缸放在沙發後方的風水好嗎？（台中沙鹿的白先生）

A： 沙發背後可以放置矮櫃，但若在矮櫃上放置魚缸或其他有水的裝飾是極為不適合的，這樣等於是以水為靠山，水性無常，家中的運勢就會不穩定，建議不要採用這樣的擺設。

O4O

　　聽說在家裡放魚缸可以生財，剛好我哥哥很愛養魚，客廳現在有大大小小一共五個魚缸，幾乎每個牆面都有魚缸！這樣的風水夠好了吧？（新北市金山的阿嘉）

A： 魚缸可以生財，但是位置若放錯，反而破財！魚缸的擺放位置會因居家方位不同而異，但可以確定的是，魚缸屬水，魚缸位置不該跟屬火的廚房瓦斯爐連成一條線，否則水火對沖，會影響家人健康。

養魚怡情養性，若想求財需注意方位，不要讓水火相沖。圖片提供_王本楷室內設計

佛堂或神明桌，要最好安排在家中清幽的位置。圖片提供_亨羿設計

O41

　　我婆家有放神桌，開門後左邊牆面就是神桌，其實每次去，我都會覺得神桌應該不要設在動線上比較好吧？畢竟大門是每天都有人在進出的啊！感覺好像不太好。（嘉義的潘潘）

A： 沒錯，神桌若安置在大門邊，等於每日進出都會驚動神位上的祖先神明，絕非適合的安置位置。另外，神桌背後一定要靠牆面，最好是坐裡朝外，但不要正對大門口。

O42

我不喜歡買客廳不夠明亮的
房子，但是最近看到一間舊公寓，
價格實在漂亮，覺得應該要快點
出手，但是又有點顧慮，因為客廳
財位恐怕不夠明亮，請問風水上
對此有解決之道嗎？（台北大安區
的江小姐）

採光明亮的客廳有助於提升財運。攝影_Sam

A： 客廳最好要保持明亮，一般而言財位在居家大門的「斜對角」，如果大門位
在中央，與大門對上的兩側斜對角都是家中財位。明亮的財位有助於增加財
運，反之則財運停滯，因此財位若剛好沒被陽光照到，可考慮安裝燈飾輔助。不過，
一般仍建議選擇室內可見到陽光的房子，因為風水上認為，客廳或書房若終年昏
暗，會使事業運困頓。

只要不是掛在橫向沙發之上，直寫字畫掛在客廳是毫無問題
的。圖片提供_演拓室內設計

O43

有個鄰居是書法老師，他們家
掛了不少他的字畫，我跟他要一幅
直寫字畫作品想掛在客廳，但是好
像聽說客廳不能掛直寫字畫？（雲
林斗六的小珍）

A： 客廳可以掛直寫字畫，唯獨在橫向沙發上方則不宜掛置「直寫」字畫，橫向
沙發對上直向字畫，有相沖的意涵，建議改為掛放橫向字畫。

挑高的天花板很適合採用吊燈，反之則建議不要採用吊燈，以免造成壓迫感。圖片提供_澄璞空間設計

044

　　我超愛古典歐風的！最近買了一個水晶吊燈要用在客廳，不過我家沒有挑高，天花板因為做了裝潢變得更低，我男友一直勸我不要裝水晶燈，還說這樣會影響風水，他是騙我的吧？（新北三重的Peggy）

A：　水晶在居家風水中常用來解煞、開運，原本是相當推薦的飾品材質，但是，一般建議天花板過低的房子不要再採用吊燈，即便是水晶吊燈也不建議，避免形成壓迫感，進而影響氣的流通與居住者的情緒。

放置沙發傢具時只要避開橫樑區域，就能破解橫樑壓頂的問題！圖片提供_大雄設計

045

　　我知道客廳最好不要有橫樑穿越，我家客廳中央沒有樑柱，只有面對電視的那面牆上方有一道橫樑，沙發剛好就放在那面牆，我想這樣應該沒風水問題吧？（台北木柵的大仁）

A: 客廳中央若有樑柱壓頂確實是不太好的風水，即使沒有穿越客廳中央，橫樑壓沙發同樣非好風水，尤其客廳影響的是全家人運勢，比臥房的橫樑壓頂來得更嚴重。如果不能更改沙發位置，建議在沙發兩旁擺放改運竹化解。

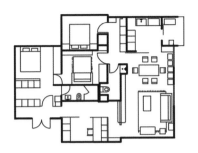

進入室內先進臥房再到客廳，除了有風水上的退財問題，也有隱私不足的疑慮。插圖_黃雅方

046

　　一直想在郊區買一間空間充足的獨棟別墅當作度假宅，最近看到一間價錢和地點都不錯的，但是它的格局有點怪，進入大門後是一條長走道，走道左右邊有臥房，客廳則在走道底，請問這樣的格局會不會有什麼風水問題呀？（台北師大路的老黃）

A：空間配置最好是客廳在前，臥房在後，若前後倒置，必須先經過臥房才能到客廳，在風水上是「退財」的格局。而且屬私領域的臥房向外，也有隱私感不足的問題。

047

　　前幾年裝潢家裡時，先生堅持要「Lounge風格」，那時候我又喜歡Bling Bling的感覺，最後整個家看起來很像夜店，雖然朋友都覺得我家很炫，但最近我對這樣的家愈看愈膩，是因為裝潢風水不適合嗎？（台北吉林路的溫妮）

把客廳打造成舞廳，住進去可能會讓人心不安定，時時想往外跑。插圖_張小倫

A：過於繁複、奢華的裝潢，如果與居住者的身分不相稱，在風水上也不見得是吉兆，尤其不建議將家中裝潢得像夜店或KTV一樣，這會讓入住者玩心大開，更愛跑到外面玩樂，恐將影響婚姻。

開運妙招

■ 客廳色調以溫暖為主
客廳的顏色應以溫暖為主，太過於冷色調的較易給人疏離感，容易使家人感情淡薄，客廳若是少了生氣，財運自然也就不易聚集，因此最好能避免使用單一色系的黑、白、紅與大量金屬材質。

用綠色植物點綴居家是好主意，但要避免在室內放置
藤蔓類的植栽。攝影_Yvonne

048

　　家裡有年事已高的長輩，在居家風水擺設上要注意什麼？尤其希望透過擺設讓老人家的健康運可以變好。（新北板橋的柯先生）

A：建議客廳不要擺放「藤蔓類」植物，尤其不要讓藤蔓類植物攀爬到室內天花板，藤蔓類植物陰氣較重，風水上認為這類植物易使老人家久病不癒。倒是可以在長輩臥房擺放萬年青之類的常綠植物，有長壽的象徵。

049

　　我先生是美術老師，家裡客廳常常在換顏色，最近他將客廳三面牆粉刷成大紅色，我看了都快昏倒了！客廳用那麼多紅色，到底是吉利還是不吉利啊？（台南的吳老師）

過量的紅色，容易使人產生莫名的心火，建議居家空間不要採用大量的紅色。插畫_張小倫

A：居家空間若採用過量的紅色，容易使人產生莫名的心火，並非適合空間採用的顏色，此外在風水上，客廳屬於「陽」的空間，適合採用明亮的色彩，太過暗沉的顏色也不適合。

O5O

客廳冷氣最近要換成分離式的，為了不要坐在沙發時，風口直接吹到頭頂，我想說把冷氣裝在沙發旁側牆，但這樣一來，風口剛好是往我家的大門方向吹，冷氣師傅說這樣的風水好像不太好，是真的嗎？（高雄的老王）

冷氣風口的安排也是學問，除了顧及舒適，也要避免風直吹家中大門。圖片提供_杰瑪室內設計

A： 大門是家中的氣口，大門尤其主財，冷氣風往大門吹，有「漏財」的象徵，也代表把家中的人氣往外吹，建議調整冷氣出風口的風向，盡量不要朝向大門。

O51

去年買了間一房一廳的小房子，最近在跟設計師討論室內格局，因為只有兩個人住，我希望臥房能大一點，再加上臥房內的更衣室、浴室，最後設計師畫出來的平面圖，臥房比客廳還大……，請問這種格局好嗎？（台北天母的芝芝）

A： 客廳是家人、朋友都會用到的空間，應該是居家中最重要的區域，空間理應最大，若屬於私密空間的臥房大於客廳，則入住者可能會傾向待在寬敞的臥房裡，日益變得較為封閉、不願與人相處，對個性上恐有不好的影響。

公共空間和臥房的比例，也會影響到居住者的性格。插圖_黃雅方

拱形門為歐式風格的元素，但風水上建議臥房門盡量避免拱形門。插圖_張小倫

O52

　　我們家是舊公寓，裝潢風格也很過時！在客廳就可以看到臥房門，而且臥房門還是很特別的拱型門，這幾年感覺全家狀況都不太好，是不是應該更換一下裝潢來開運啊？（台北吳興街的楊小姐）

A： 客廳大門是進氣口，是迎財用的，若人在客廳就可看到臥房門，客廳的好氣有外洩之虞，另外，拱型門狀似古時墓碑，　又似牛犁田時背上的「軛」，代表入住者會背負生活壓力，建議更改門型或用門簾做遮掩。

O53

　　我對風水頗有興趣，去年兒子開了一家小店，開始做生意，還特別在客廳的財位放了黃水晶招財，不過，成效似乎不大，有朋友來我家看過後說，客廳冷氣吹風口方向有問題，難道吹風口不能吹向大門對角嗎？（南投的郭先生）

A： 財位通常是大門的對角處，冷氣吹風口吹向財位，等於把財運吹散、把財神吹走，因此，吹風口通常不建議對準財位。如何找到家中財位，可參閱第19頁。

有些擺飾品在風水上被認為不適合擺在居家，開運吉祥物要適切擺放，才能帶來好運。攝影_張克智

054

　　我太太很愛買水晶柱、水晶七星陣之類的東西，她一直堅持這些東西會開運避邪，但我是不知道家裡住得好好的，是有什麼邪好避啊？擺太多「陣頭」才不好吧？（新竹竹南的傅先生）

A：　水晶的確被認為有開運避邪的作用，但家中的開運吉祥物不可亂放，要適合不同住家的方位，擺放太多位置錯誤的吉祥物，說不定會造成反效果，倒不如不放。

擺放真花或自然盆栽可以招來好運。圖片提供_大漾帝空間設計

055

　　以前我媽就喜歡在家裡擺放花花草草，但室內盆栽很容易枯萎，去年開始我媽就把它們都換成假花或人造盆栽……，但去年我跟我姐都感情運都超不順，難道在家裡放假花真的會影響感情運？（苗栗的小東）

A： 用水瓶擺放真花或自然盆栽都是很建議的開運妙招，但是一定要好好照顧，因為室內擺放枯萎死亡的盆栽也會影響人的運勢，而假花、人造盆栽更應該敬而遠之，風水上認為擺放假花代表會招來爛桃花或是容易遇上虛情假意之人。

056

暑假時出國，買了好幾串漂亮的手工風鈴，有一些送人，也拿了一串回宿舍掛，但是我室友說風鈴會招孤魂野鬼，他們一直要我不要再掛！真的不能掛風鈴嗎？（嘉義的大余）

A： 的確，風鈴在古時是寺廟用來引渡亡魂，如今在許多意外事故場合也可見道士用風鈴引領亡靈，隨意在居家掛置，被認為易招引孤魂野鬼，建議盡量避免。

057

去年底終於買了人生第一間房子！房子已經裝潢過，大部分的傢具都買好了，最近在買一些織品、裝飾品，我想在沙發前放一塊大地毯，但我先生不太喜歡地毯，在風水上看來，客廳到底該不該放地毯？（台中中科的闕小姐）

A： 以風水角度來看，沙發前的地毯猶如在屋前的一塊青草地，能突顯沙發在空間中的「主導性」，其實是相當重要，當然很推薦採用。

地毯能突顯空間主題，在風水上也是相當好的擺設。圖片提供_植 形 空間設計事務所

058

爺爺蒐藏了一把古董日本武士刀，原本他都放在房間，但最近他把武士刀擺到客廳矮櫃上當作裝飾！我覺得放刀子在客廳有點可怕耶，可以跟爺爺說這樣會破壞客廳風水嗎？（台北松山的凱西）

A： 將刀、劍之類凶器放置在客廳當裝飾品，恐為家中帶來煞氣，不是值得推薦的風水擺飾。不過，屋主如果是將軍或高階軍官等身分可以「制煞」之人則另當別論。

窗往外開，在風水上有向外進取之意。圖片提供_台北基礎設計

O59

　　新家就臨著大馬路，雖然是在高樓層，還是決定加裝隔音窗，聽說客廳窗戶的「開向」也要注意？是往內還是往外比較好？（新北市林口的徐太太）

A： 一般建議客廳窗戶最好是往外開或是橫拉式窗戶，盡量不要往內開，往內開的窗戶在風水上被認為會讓居住者變得退縮、膽小。

開運妙招

■ 沙發面對大門方向為佳

客廳主要的沙發應擺放在「面對大門」的位置，除了能隨時看到進出的人，掌握家中狀況之外，坐在面對大門的沙發上，也能看到各個空間的情形，才不會產生背門而坐會出現的不安感，另外正對大門也有正面迎財的象徵意義，如果沙發背著門就會背向財運了，且在工作上容易犯小人。

■ 沙發後方要有靠山

沙發背後若空蕩，在風水上稱為「主無靠」，換句話說就像是少了靠山，在事業上少了能依靠的貴人，因此在規劃客廳傢具時，沙發最好緊靠實牆，以防因結識損友而破財；此外，沙發後方應避免為走道、窗戶等，才不會坐在沙發上時，一直受到後方來往人潮干擾而精神不集中，同時也能消除背後空蕩所產生的孤立無援感受。若受限於空間大小，沙發非得背向大門放置時，可在大門與客廳之間設計屏風或玄關阻隔，化解沙發背門的風水禁忌。

060

我家在一樓，因為前面是店面，所以客廳沒有對外窗，進到房子，即使開燈還是覺得陰暗，感覺很沒精神，這是壞風水嗎？對運是有沒有影響？（台南阮小妹）

客廳要明亮但窗戶不宜過多，以免導致漏財。攝影_Yvonne

A： 古書有云：「明廳暗室」，指出客廳採光要明亮、通風的原則，自然光和窗戶當然脫不了關係，但需要特別留意的是，窗戶並非多就是好，有些人為了求採光好，而將整面牆以窗戶或落地窗設計呈現，這樣客廳不容易藏風聚氣，更有可能破了財位，面臨漏財的狀況。若是客廳沒有對外窗，可使用不透明的透光材質達到引進光線的效果，而不要以全透明的玻璃或玻璃磚等材質，這會使空間呈現完全穿透狀態，容易使人產生被偷窺的錯覺，反而不自在。

客廳主燈，風水上象徵家人的向心力。
圖片提供_成舍室內設計

061

家裡最近裝潢，和老公對於客廳的燈一直無法達成共識。我聽說客廳要有主燈比較好，但我老公覺得裝了一盞主燈，會有壓迫感，風水上是有主燈比較好嗎？（花蓮的陳太太）

A： 燈的功能就像是古代的火，具有照明與家運興旺的意涵，以前的人會圍著爐火聚集，延伸至今日就變成了客廳，因此客廳若沒有主燈，代表家人感情冷淡、缺乏向心力，財運與事業運也會越來越衰退。

開運妙招

■ 燈光開關勿過複雜

居家燈光以明亮、溫暖為主要訴求，若是使用太過複雜的多段式燈光開關，非但不符合使用便利的條件，每次要開燈就要反覆按好幾次，也容易使人心煩氣躁。

臥房及衛浴區

每個人一天至少都有6～8個小時會在臥房睡眠休息，唯有充足、良好的睡眠才能讓人加滿油，面對每天的生活挑戰，也因此臥房的風水對於個人運勢的影響相當密切；而衛浴空間同樣也是家中每個人都會使用到的重點區域，尤其將廁所設在臥房內的套房式設計日漸普及，與臥房、衛浴區域相關的風水禁忌更是不可不知！

梳妝檯鏡子應避免直對床，鏡子易影響夫妻情感，同樣也容易影響睡眠。圖片提供_馥閣設計

062

　　我家的主臥偏長方形，我太太想在床鋪正前方放化妝鏡檯，但我聽說這樣會影響風水？（高雄的大鈞）

A：床若對到鏡子，會造成精神恍惚，半夜也容易被鏡中人嚇到，而且在風水上，鏡子對到床代表容易犯桃花，最好把鏡子移位。

063

因為我的臥房很大，所以我把床放在臥房的正中央，四周都沒有靠到牆壁，我覺得這樣很特別，但是朋友說這是壞風水？（台東的博恩）

床頭靠牆放置，會為居住者帶來有貴人幫助的好運。攝影_Sam

A：床頭刻意不靠牆，恐造成「沒有靠山」的的狀況，在運勢就是沒有貴人幫助。對睡在床上的人來說，也易形成思想愈來愈怪異、難以與人溝通的狀況。

臥房中的鏡子最好不要正對床或臥房門，建議可放置在床頭兩邊的牆面。圖片提供_成舍室內設計

064

我知道床不能正對鏡子，那放在床的側邊可以嗎？但是會對到臥房門！我一定要在臥房裡放梳妝檯，總不能把梳妝檯放到客廳吧？臥房又不大，還要放衣櫃，總之那個鏡檯很難不對到床鋪，該怎麼辦呢？（屏東的羅小姐）

A：一般建議鏡子除了不要正對床鋪，也不該正對臥房門，以免人在進門時被鏡子的反射嚇到。在臥房裡，只有「與床頭同一平面」的牆壁上或在床頭兩邊可以擺放鏡子，其他地方都不建議。如果剛好對到臥房門，建議用可隱藏式鏡面（譬如有門片的鏡檯），或是平日用布簾遮蓋，要使用時才打開布簾，降低鏡沖床或鏡沖門的影響。

臥房冷氣的裝置位置也會影響健康，安裝前應仔細考慮合適的位置。圖片提供_原木工坊 攝影_林福明

065

　　今年夏天剛裝了一台新冷氣，但是很兩光的師傅把冷氣裝在臥房床頭上，還跟我說這樣室內比較涼！床位就在冷氣下方是很不好的位置吧？（新北市中和的芬芬）

A：床位安置在冷氣的正下方，等於寒氣不斷吹向睡在床上的人，易對健康有不良影響，建議改變冷氣位置。

066

我本身有在研究音響，已經在客廳放了一組高級音響，最近想在臥房也放一套電視音響組合，但是我老婆一直說這樣會影響臥房風水，真的嗎？（台北北投的阿信）

根據科學研究，睡前看電視或聽動感激昂的音樂會影響睡眠品質，不過還是因個人習慣而異。攝影_Sam+Yvonne

A：一般建議床前不要放電視機或音響，不過這是出於科學考量，睡前看電視或開著電視睡覺對健康都不好，睡覺時若沒有拔除音響電源，同樣有影響健康的疑慮。

067

我和兒子、媳婦同住，一家子三代同堂，平日大家相處還算融洽，但偶爾對小孫子在教養上有不同意見而有所口角。我的臥房是走道底右手邊，與兒子媳婦的臥房門正好相對，這算是相沖嗎？（桃園中壢的妍珠）

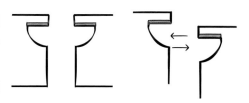

兩門正對且大小對等，溝通順暢。兩門錯開，易有口舌之爭。兩門相對但大小不一，也易有口舌之爭。插畫_張小倫

A：很多人都聽過一句俗話：「門對門口舌是非多。」其實房門正對房門是好事，代表雙方關係處於對等的立場，反而是溝通順暢，感情融洽。古書說的「門咬門，口舌多」是指兩門相對但錯開，或是兩個門的大小不同，才會產生口舌是非。

充足的採光是好風水的重點之一，明亮的臥房會為你帶來好運勢。圖片提供_馥閣設計

068

　　我們家五個臥房每間都很大！但其中有一間剛好沒有開窗，雖然說開了燈就很明亮，但平日白天也都是陰陰暗暗的，是不是不要拿來當臥房比較好？（屏東的邱先生）

A：臥房在白天時一定要明亮，沒有對外窗的陰暗臥房會使入住者的人際關係變差，運勢也跟著變不好，因此不適合用作臥房之用，或許可以考慮將較為陰暗的臥房當儲藏室使用。

069

我住的是夾層屋，客廳跟浴室部分都維持挑高，但廚房上方做夾層，樓上是當睡鋪用，這樣的風水有問題嗎？（台北內湖的小鍾）

A：睡床下方如果剛好對應到廚房爐灶，恐怕會讓睡在此床的人有肝火過旺的可能，在風水上有影響健康的疑慮，若沒有對應到睡鋪則不用太過擔心。

廚房上房做夾層時，只要瓦斯爐不對到睡鋪即可。插圖_張小倫

070

我的臥房有兩扇窗，床頭上方剛好就是一面窗，晚上的時候打開窗就可以看星星咧！但是有朋友勸我換床位，他說這是很不好的風水位置？（花蓮的阿莫）

A：門窗都是氣場的入口，氣場變化會影響睡眠品質，因此頭部不適合太過靠近窗口，建議更換床頭方位。

床頭最好不要開窗，以免氣場變化影響睡眠。
圖片提供_Virginia

071

原本兩個女兒共用同一間大臥房,考量到大女兒年紀漸長,需要更多私人空間,幾年前把那間臥房中間隔了一道牆,讓兩個女兒都有自己的空間,但有人說這叫「房中房」,是不太好的風水格局?（新北市林口的Amy）

如果沒有明顯的門框或門欄,就不夠成所謂房中房的格局。攝影_Sam

A： 進入一個臥房空間中,竟然還有另一道門通往另一個臥房,有人稱此為房中房,並堅持對入住者來說,不管是住在外面那間或是裡面那間,都有不好的運勢影響;不過,許多歐式皇宮或中式大院也是用一條走道連接一道又一道的房門,卻不被認為是壞風水,因此也有人認為根本沒有房中房這類顧忌。

072

我女兒去年結婚買新房,她堅持一定要在主臥裡面有更衣室,而且她的更衣室很大,幾乎等於臥房的一半大!不過她是用很像衣櫃門的百葉門片,區隔臥房和更衣室,這樣還算是房中房格局嗎?（台北牯嶺街的孫太太）

更衣室不要大過臥房,以免造成主客易位的意涵。攝影_Yvonne

A： 有一派學說認為臥房內的更衣室空間若大於臥房四分之一,就已形成所謂的房中房,會影響入住者的運勢,不過,前提是更衣室門有明顯的門檻或是門框,如果沒有,則不用擔心太多。但更衣室畢竟是附屬空間,臥房才是主角,建議還是盡量不要主客異位。

避免在橫樑底下放置床鋪，或是透過裝修天花板的方式，破解樑壓床的風水問題。圖片提供_演拓設計

O73

　　大家都說床頭不能有橫樑，我的臥房床頭沒有樑柱，但是臥房正中央有一道橫樑，會穿過部分床鋪區域，這樣有關係嗎？（南投的凱西）

A：　床上不能有橫樑，睡在橫樑下，對人體健康會有很負面的影響，不管橫樑是穿過床頭、床鋪中間或床尾都一樣，應該盡量避免。破解方式除了移開床位、在樑下放矮櫃等方式，若橫樑是穿過臥房中央，可考慮裝修整面天花板以修除、包覆樑柱。

開運妙招

> **■ 床頭櫃或增加枕頭數避開床頭壓樑**
> 床頭壓樑會造成頭痛、腦壓與血壓上升，進而淺眠，容易作惡夢，增設床頭櫃或是枕頭數目會是不錯的解決方式，休息時也會感覺到頭後方有靠山，增加安全感。

孩子房間距離大門較遠，比較不受干擾能靜心念書。圖片提供_德力設計

074

　　我的小孩今年高三了，明明到了要努力念書衝刺的時間，但我看他總是靜不下心來念書，週末整天在外面混……，他的房間就在進大門後的右手邊，幫他換個房間住會不會好一點？（桃園的沈媽媽）

A： 青少年的房間若太靠近大門，優點是會增加人際關係的強度，缺點是小孩會在家待不住，自然也靜不下心，不妨將他的房間移到裡面一點的臥房。

還不相信顏色的能量嗎？粉紅色臥房確實能為未婚女性帶來桃花運喔！圖片提供_近境制作

075

　　我大姊是標準的「黃金剩女」，雖然她裝得一副不在意的樣子，但我們都知道她心裡很急。最近娘家要重新粉刷，我媽想把大姊的臥房刷成粉紅色，幫她招桃花，不過我懷疑粉紅色的臥房真的能招桃花嗎？（台北民生社區的潔兒）

A： 粉紅色的臥房的確能提高未婚女性的桃花運，不一定要將牆壁粉刷成粉紅色，採用粉紅色床單、床組、窗簾，或在臥房擺放粉紅色床頭燈、飾品等，也能提升桃花運。不過要特別注意，已婚夫妻的臥房則不適宜採用大量粉紅色，否則容易造成夫妻口角、猜忌。

076

　　將近一歲的小baby從出生以來就跟我們一起睡在雙人大床，現在要他換睡嬰兒床，他也不願意了，但我婆婆說小孩最好不要睡大人床，問她為什麼，她也說不出個所以然，請問小孩真的不適合睡雙人大床嗎？（台北信義路的詹咪）

A： 風水上認為，讓小孩子睡大床、雙人床，容易形成孩子自大、自我的個性，可能造成孩子我行我素、與父母溝通困難的狀況。一般建議不要讓太小的孩子睡過大的床鋪。

讓小孩睡大床，容易造成自我、自大的個性，建議不要讓太小的孩子睡過大的床。圖片提供_成舍室內設計

插畫_張小倫

077

　　廁所就在我的臥房隔壁，我的床頭隔牆就對著馬桶背面，晚上睡覺時若室友有用馬桶，我都會聽到沖水聲……，這算是壞風水嗎？（台南的林小姐）

A： 頭頂著馬桶睡，易造成思緒無法集中、頭痛等問題，在風水上不太建議這樣的格局設計。

插畫_張小倫

078

　　我女兒一直吵著要在她的臥房裝水晶吊燈，但是我有點擔心，不知道在床上方裝一盞吊燈在風水上是好還是不好？（台北大直的薛小姐）

A： 雖然沒有直接的風水禁忌說法，但是出自於安全性的考量，一般風水老師都不建議在床的正上方裝吊燈，其實不只是吊燈，吸頂吊扇或造型古怪的燈具，也不建議用在臥房床鋪上方的天花板。

079

　　我家的神桌隔牆後方就是小兒子的房間，這樣會影響到小孩的運勢和表現嗎？（新北市蘆洲的黃太太）

A： 床頭最好不要隔牆對到神桌，等於是睡眠時，頭頂正對神像後方，有對神明不敬之意；同時，神桌背後隔牆也最好不是浴廁或廚房，這些都是風水中的禁忌。

床的任何一方，最好都要避免對門。圖片提供_絕享設計

080

　　我住學校宿舍，宿舍房間很小，而且房門一開正好對到我的床尾，大約會對四分之一的床鋪吧，這樣有關係嗎？（新北市新莊的小鎂）

A：房門對到腳也是一種風水禁忌，恐有易扭傷、腳部位受傷的可能，建議盡量避免。

臥房內若有規劃廁所浴室，建議廁所門不要直對到床頭或床側邊。圖片提供_尚展設計

運用隱藏式門片，化解浴廁門對到床側邊的問題。圖片提供_PartiDesign Studio

O81

　　我租了間一間小套房，房內的廁所門剛好對到我的床右側邊中間，沒有對到床頭，只有對到床側邊，這樣會不好嗎？（台北的Miki）

A：臥房內規劃廁所是目前很常見的格局配置，部分風水老師認為臥房內的浴廁門若正對床或床側邊恐怕會影響健康，不過，只要利用隱藏式門片設計，就可輕易破解此問題。

082

　　我在電視上看到有名人說訂了一間浴室位於房屋中央的預售屋，後來有人跟他說這樣的格局很不好，他就因為這樣賠錢退訂那間預售屋。浴室真的不能位在房子中央嗎？（新北市三重的麗美）

A：就跟廚房不宜位在房子中央一樣，房子中央是全屋的動線樞紐，廁所若設置在中央，恐將會影響入住者的事業運與財運，對健康也有不良影響，此類格局能避免則盡量避免。

083

　　收納達人都會教人不要浪費床底下空間，可以把雜物收納在床底下，但是我總覺得雜物堆放在床下會影響運勢吧？（新北市中和的芳芳）

A：沒錯，床下最好不要堆放雜物，尤其忌諱鐵器、鍋爐之類的物品，風水上有影響生育之說，想要生小寶寶的人要特別注意。

插畫_張小倫

開運妙招

■ 臥房白天要亮，晚上睡覺要暗

白天臥房的窗簾最好打開，讓陽光直接照得到屋內，臥房明亮會讓人的情緒隨時放鬆愉悅，對外人際關係會變好。但晚上睡覺時就要暗，盡量不要開燈，以免身體褪黑激素分泌失調，造成睡眠品質不好，或是失眠的情況。

廁所內可擺放綠色植物，象徵吸收浴廁空間的穢氣。攝影
_Sam+Yvonne

O84

因為沒太多預算，而且我也喜歡全開放式的房子，所以我買了一間室內20坪的挑
高房子，既沒有隔間，也沒做夾層，連浴室也算是半開放式的，洗手檯就在浴室外面，
廁所也在床鋪附近……，原本一個人住沒差，但最近覺得濕氣好像有點太重……，不
知道風水上會不會也有影響？（台北關渡的小晶）

A：許多風水老師甚至建議不要在臥房裡規劃洗手間，更遑論半開放、甚至全
開放式的浴廁，等於讓全屋與浴廁連成一體，風水上認為這會讓來自廁所
的穢氣流竄全屋，恐將影響入住者的健康運。建議做隔間區隔臥房與浴廁空間，
並在廁所內擺放綠色植物，象徵吸收穢氣。

085

　　我打算和幾個同學一起分租一間三房公寓，但是好房間都先被選走了，剩下的一間沒人選的，臥房門正對廁所門，我媽叫我不要搬進去！這樣的房間真的不好嗎？（新北市淡水的阿霈）

A：臥房門與廁所門相對，容易造成是非、口舌多的情況，同時廁所的穢氣直沖臥房，也是風水的禁忌。

插畫_張小倫

086

　　我們家是兩層樓的透天，家裡還有長輩一起住。原本兩個小孩共用二樓的一個房間，但考慮到小孩長大了，想讓他們一人有一個房間，想說不如在一樓樓梯下方隔一間小小的臥房區，請問這樣會有風水上的問題嗎？（彰化的賴太太）

A：樓梯下方不適合用作臥房使用，睡在樓梯下方，家人上上下下的聲響，不但會影響睡眠品質，也有難以翻身、運勢變差之意。

插畫_張小倫

房間裡的浴廁對到床，在風水上比房門對到公用浴廁還要不好。插畫_張小倫

O87

新家的主臥是給爸媽住，主臥內有一間廁所，但廁所門對到主臥床頭，最近爸爸常說頭痛，這是壞風水的關係嗎？（新北市新店的吉米）

A： 房間內的廁所門對到床頭是很不好的風水，可能會有頭痛、思考難集中的狀況，建議盡快更換床頭位置。

臥房宜用柔和的大地色系、粉色系等。圖片提供_PartiDesign Studio

O88

我喜歡現代風，想把臥房佈置成摩登的金屬色系，加一些幾何線條，但媽媽說這樣不好，臥房顏色和風水運勢有關係嗎？

A： 深色或金屬等，只要不大面積使用，避免無形中刺激感官影響心情，都可以適度使用。一般建議寢具用品以淡色素雅者為佳，大地色或粉色系都很不錯，先用顏色將視覺放鬆，心情自然也就平靜。此外，房間的擺設盡量不要有太多尖銳物品，或是太多金屬物品而顯得森冷，以燈光為例，黃色調燈搭配圓盤型燈罩最為適宜。整體方向宜以輕鬆舒適為主，有助睡眠，休息充分，精神好，表現自然加分。

089

最近在佈置新房，我和老公對於要不要在房間放結婚照，一直僵持不下。我想要放兩人甜蜜的婚紗外拍照，但他覺得在房間放這麼大的照片不好，而且他說好像風水上也不好，這是真的嗎？（台中簡小姐）

A： 有人說臥房不宜放結婚照，讓人感覺如設置靈堂，也會對健康造成影響。但排除相框放置在床邊掉落的安全疑慮外，多數風水老師對結婚照是否放置臥房採保留態度，只要夫妻雙方做好溝通，不要擺在半夜起床會馬上看到的地方避免嚇到，可隨自己喜好選擇放置。

090

最近有成家的打算，密集的在看房子。有一間位在三樓的邊間公寓我很喜歡，但格局有點怪，廚房旁邊是主臥，這樣會不會容易有油煙味，也不知道會不會有風水上的問題？（新北市三重的吳老師）

A： 臥房盡量避免選在廚房隔壁，因為爐灶是廚房所在，也是火源位置，是一個動盪場所，而臥房是休息的地方，宜安靜。不過，這對多數生活在都市的人來說，容易受限於空間格局，很難避免，但至少床頭應避開廚房。

開運妙招

■ 臥房宜靜，客廳宜動

臥房有許多道理和客廳的風水相通，最大差別在於動靜問題，臥房屬靜，客廳屬動，這樣一靜一動搭配，氣才會流動，才會是整體風水最佳表現。

廚房區

在風水上，廚房不只是烹調食物的地方，廚房區域被視為家中的財庫，同時也會影響家中成員的健康！因此，不管你是不是個愛下廚的人，都應該了解一下廚房相關的風水禁忌。

家中廚房瓦斯爐靠牆放置，就不會有退財的疑慮。圖片提供_馥閣設計

091

去年結婚後買下一間中古老屋，因為沒有預算整修舊廚房，目前的簡易廚房只有一台瓦斯爐，而且瓦斯爐沒有靠牆放置，這樣會影響風水嗎？（高雄的小默）

A：瓦斯爐沒有後靠，在風水上有退財之虞，除非是營業用的瓦斯爐，不然一般家中廚房的瓦斯爐，建議要靠牆放置，同時也比較安全。

092

我買了同一層樓的兩間小套房，想說把隔間牆打通，留一個廚房在中間，然後創造較大的客廳和臥房，但是我的設計師說廚房在房屋中間很不好，為什麼？（新北市新店的王董）

插圖_張小倫

A: 房子中央是全屋的動線樞紐，廚房若設置在中央，恐造成油煙廢氣滯留、飄散在全屋內，久了自然使屋內氧氣不足，影響全家運勢。

與瓦斯爐的相對牆應維持空曠、整潔，才能為家庭帶來好運。
圖片提供_馥閣設計

093

我們家的廚房超小！雖然已選用了體積較小的一字型廚具，但正對廚具的牆面也被我太太擺滿了雜物和置物櫃，這樣會影響運勢嗎？（台北中山區的宅宅）

A: 雜亂的廚房，無法為家中帶來好財運，瓦斯爐的相對牆也應該維持空曠、整潔，才不會影響財運。

在玄關規劃鞋櫃與廚房吧檯，遮住廚房的瓦斯爐台，解決原本開門見灶的狀況。攝影_Amily

094

　　人家都說不要「開門見灶」，意思是說不要一進門就看到廚房嗎？可是我這幾年都是租小套房，通常一開門就會看到廚房，實在很難避免啊！小套房的廚房可以算例外嗎？（台北的劉小姐）

A：　一進門就看到廚房，是頗為常見的格局，一般小套房就是典型範例，有些大房子也會有這類格局。風水中認為，開門見灶易給人工作負擔過重的感覺，會讓人每天為生活而奔波，不過，透過室內設計規劃，如廚具延伸略高吧檯，或是利用隔屏、玄關櫃等設計手法，可破解此一問題。

開運妙招

■ 善用屏風化解風水NG

利用屏風來阻隔視線，區隔空間，改善風水狀況，使用上除了要注意安全性之外，在材質選擇上應以不透明為主，例如金絲玻璃、烤漆玻璃、噴砂玻璃等，盡量避免使用透明玻璃，不然即使做了屏風還是能清楚看到廚房內的擺設，反而沒有達到效果。

O95

　　常見的廚房格局好像都是長方形為主，可是我家的廚房格局很特別，是接近正方形的，而且廚具設備正對後陽台門，這樣在風水上會有影響嗎？（台北木柵的曾小姐）

A: 廚房是長方形或正方形並不影響風水，但是瓦斯爐若對到門，尤其是後門，意指散財、犯小人，是不太好的風水。

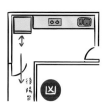

除了廚具之外，相當於古代糧倉的冰箱如果對到後門，會引起宵小之徒非法盜取，或是朋友向自己借錢的動機。插圖_張小倫

開運妙招

■ 廚房空間不宜有缺角

格局方正是風水上強調的重點，廚房當然也不例外，不過方正不只侷限於正方形，偏長、偏寬的長方形亦可，只要是四角皆有且不缺角就符合條件，有缺角的廚房空間容易出現理財的疏失或莫名的破財，也會有財庫缺漏的現象。

可藉由調整廚房開門方向和廚具位置，避開風水上的疑慮。圖片提供_原木工坊

最近去看了一間位於河岸旁的房子，價錢和坪數我都算滿意，但是它的廚房和廁所剛好位在走道的兩旁，廚房門跟廁所門幾乎就要相對，這樣的風水對家運會不會不好呢？（新北市永和的阿曼）

A：這是典型的廚房門對沖廁所門，容易影響入住者的健康。如果是廚房內瓦斯爐對到廁所，不但容易影響健康，還可能會發生家中小孩難管教的情況。

O97

我們家的廚房位在房子的後方，而且剛好在後方的正中央，有親戚說這在風水上是很不好的位置，真的嗎？（花蓮的林太太）

A： 的確，廚房特別是瓦斯爐若位於房屋的正後方中央，主家道不安，因此最好不要將廚房設置在房屋正後方中央。

先經過廚房才能進入浴廁空間，在風水上被認為代表水火相沖。攝影_周禎和

O98

最近我們全家正在積極看房子，希望搬到離市區近一點的地方。有看到一間離捷運不遠的新成屋，但是要去廁所前會先經過廚房，這樣的格局可以買嗎？（新北市深坑的芊芊）

A： 浴廁與廚房相連，在都市小坪數住宅中頗為常見，但是必須先經過廚房（火）才能進入浴廁空間（水），這類「廚房包廁所」的格局在風水上代表水火相沖，是相當不吉利的，恐怕會影響入住者的健康。

廚房不宜過小或太大，除了風水考量也是考慮使用便利性。

O99

　　聽說廚房代表財庫，那廚房是不是愈大愈好？明年想翻修老家，如果把廚房格局放大，應該可以增強財運吧！？（南投埔里的丁先生）

A：　廚房確實是家中財庫的象徵，但財庫也不是愈大愈好，廚房的大小，要與家裡大小相配，不該過於極端，譬如房子大但廚房很小，代表沒有空間存得下錢財，相反地，房子小但廚房很大，代表入住者有賺錢的壓力，必須為錢奔波，兩者都不算是好風水。

100

　　我個人頗愛烹飪，也愛蒐集一些好用的鍋子、刀具，為了方便使用，幾把菜刀就直接掛在瓦斯爐旁的牆面，但我婆婆看到卻說這會影響風水！請問這在風水上代表什麼？（台北士林的小薰媽媽）

A：刀具是凶器，在瓦斯爐旁放置菜刀，是風水上的凶相之一，有傷財、退財的含意，建議將菜刀收納在櫥櫃裡，不要一進廚房就看到。

善用廚櫃，將刀具及鍋碗瓢盆分門別類收納。插畫_張小倫

101

　　我買下一間只參觀過一次的台北天母舊公寓，搬進去住之後才發現，樓上的鄰居曾經大動土木、完全更改原始格局，現在他們家的廁所就在我家用餐區正上方！這會影響我家風水嗎？（台北天母的簡太太）

A：公寓大樓的廁所通常位於同一方位，若刻意改變廁所位置，就可能造成簡太太遇到的狀況。以風水上來看，若用餐區剛好對到樓上的糞管、馬桶位置，則樓上穢氣往下排，壞氣場會影響樓下居住者的健康狀況，最好將餐廳移位，不要在廁所下方用餐。

開運妙招

■ 保持通風、明亮有助財庫增加

擔任財庫重任的廚房，空氣必須流通才能讓財富有所循環，使錢財不斷增加，此外，烹調三餐的場所保持乾淨、通風，吃進肚子裡的食物才健康，有了好的體魄，財運及事業運才有蒸蒸日上的可能性。

廚房若剛好橫柱通過，盡量避免樑柱直壓瓦斯爐的狀況。圖片提供_櫻花國際

102

前年買的預售屋，交屋後才發現屋內橫樑真多！到處都是樑柱，連廚房都有一根橫樑就頂在瓦斯爐上方！醜就算了，我更擔心橫樑會影響風水運勢嗎？（台北景美的王先生）

A：一般房子的四周必定都有樑柱支撐，但樑柱若直接壓在瓦斯爐上方，代表氣場往下壓，風水上影響家人健康甚大，建議利用天花板裝修或收納櫃體遮蔽橫樑。

103

　　我們家是四樓透天，位在一樓的廚房門剛好面對上樓的樓梯，有人說樓梯直接對到廚房門，在風水上不太好，是真的嗎？（嘉義的王小姐）

A：廚房門或是廚房的瓦斯爐若正對到樓梯，被認為易影響入住者的健康，尤其是腸胃類疾病，建議可在廚房門掛上過膝的門簾作為遮掩。

透過局部隔屏盡量擋住視線，破解開門就看到水槽的風水禁忌。攝影_Yvonne

104

　　我家是狹長型的舊公寓，從前陽台進來後除了看到客廳，還會透過廚房門看到廚房水槽，但是只會看到水槽喔，不會看到瓦斯爐或冰箱，這樣也算壞風水嗎？（台北大同區的曾太太）

A：風水中認為，瓦斯爐是財庫的核心，一進門就看到瓦斯爐等於錢財外露；而水槽即是水，水又主財，開門就看到水槽、水龍頭，表示錢財向外流，有漏財的可能，同樣也屬風水禁忌的一種，建議透過局部隔屏，盡量擋住視線，便可破解此問題。

風水上建議不要將廚房後門當成住家大門使用，避免先進廚房才到客廳的情形。攝影_李宜潔

105

　　幾年前因為道路拓寬的關係，我們家的後門出入更方便，現在家人都習慣從廚房後門直接進出，客廳大門反而成天關著。但是這樣變成回家會先經過廚房才能到客廳，在風水上有影響嗎？（雲林的美華）

A：進門先經過廚房才到客廳，等於頭尾顛倒，不但影響家人健康運勢，還有洩財的可能。建議還是以客廳大門為家人主要出入口。

開運妙招

■ 水槽、瓦斯爐保持距離

在五行中，水槽是水、瓦斯爐是火，兩者擺設位置若不適當，容易造成水火相沖、水火不融的狀況，若水槽和瓦斯爐設計在一直線上，兩者之間必須保持一個上手臂的距離為佳，在洗菜切菜備餐時，瓦斯爐才不會被水噴濺到。

106

　　我在考慮重新裝修廚房，因為平日幾乎不開伙，想說廚房愈小愈好，最好多留一點空間給其他區域，所以我想讓瓦斯爐和洗手槽相連，中間不要空太多距離，這樣的規劃在風水上應該沒問題吧？（新北市土城的史丹）

A：瓦斯爐為火，水槽為水，水火相剋，兩者本來就不該靠太近，水槽與爐火相鄰是應該避免的錯誤規劃，建議兩者至少分開一尺半的距離。

瓦斯爐和洗手槽不該靠太近，以免形成水火相剋的狀況。攝影_王正毅

107

　　我婆婆堅持要在家裡擺神桌，但是家裡唯一可以放得下神桌的空間，剛好會面對到廚房，我想知道神桌對到廚房在風水上是可接受的嗎？（新北市三峽的Ivy）

A：神桌不宜擺設在廚房正對面喔！讓神桌正對時常產生油煙噪音的廚房，對神明有不敬之意，也可能因此影響家人健康運與財運。同樣地，神桌也不適宜正對廁所門，應盡量避免這樣的狀況。

108

因為廚房空間夠大，我們家的餐桌也放在廚房裡，廚具設備在右側邊，冰箱和餐桌就放在左側邊，這樣瓦斯爐和冰箱位置剛好相對到，在風水沒問題吧？（新北市鶯歌的Molly）

A：瓦斯爐主火，冰箱則代表水，兩者相對，有如水火相沖的象徵，在風水上有影響身體健康的疑慮。建議調動冰箱擺放位置，或是讓冰箱門轉向，不要正對瓦斯爐。

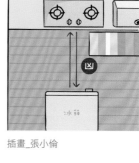

插畫_張小倫

風水上建議冰箱門不要正對瓦斯爐，以免形成水火相沖。攝影_Sam

109

　　最近租了一間兩房一廳的小房子，但是廚房門剛好對到主臥門口，而且我坐在床上就能看到我太太在廚房裡煮菜……感覺有點怪，這也算壞風水嗎？（新竹的凱文）

A：風水上認為，廚房瓦斯爐若對到臥房門或正對臥房床，恐易影響女主人健康，或形成女主人易犯桃花的狀況。

開運妙招

■ 水火不相接
瓦斯爐除了不要和水槽相接鄰之外，也不可與水槽、飲水機、冰箱正面相對，都會有影響家運、財運的疑慮。

110

　　最近裝潢房子，但平時上班忙碌沒辦法每天去工地監工。這兩天剛好去看廚具安裝，才發現抽油煙機的上方有樑經過，聽說瓦斯爐在樑的下面，這樣在風水上不好，到底要不要拆掉重新規劃位置安裝呢？（台南的鄭太太）

插畫_張小倫

A：瓦斯爐在樑下，料理食物的人會體弱多病，長期肩椎僵硬、頭痛，家人也會因經年累月吃到受磁場干擾的食物，容易有偏頭痛的情形。建議最好重新規劃動線，將抽油煙機和瓦斯爐台一起移位。

開放式廚房利用拉門設計，避免油煙逸散，也讓廚房不致裸露在外。攝影_許芳銘

111

我喜歡國外的開放式廚房，但婆婆說廚房要獨立封閉比較好，才會聚財，這是真的嗎？（新北市中和的Jane）

A： 人稱財庫的廚房，最好要有獨立的空間，才不會讓進門的財富散失，但不少人為了讓居家空間感更開闊，改為開放式的廚房設計，這樣在風水上會造成錢財露白導致散財，但可藉由設計較高的中島或吧檯，讓視線不會看到廚房內部，或是以玻璃拉門做為區隔，都是化解的方法。

112

最近租了一間1樓舊公寓，發現廚房地坪比屋內其他空間低，聽說廚房地板低會影響財運積蓄，是真的嗎？（新北市汐止的阿明）

A：廚房若是比室內其他空間還來得低陷，表示財庫向下沉，會導致財庫不旺，存的錢會越來越少。建議可將地坪鋪平和室內等高，也可在不妨礙動線的角落地板上，放置一盆落地市的土耕木本植栽，藉由植物的能量將下限的地坪氣場與之連接。

113

最近為了安神位的事有點煩惱，家裡空間不大，看起來只有客廳的一個角落可以放，但那個位置剛好面對廚房，這樣會不會風水不好影響家運啊？（宜蘭的艾可）

A：灶有灶神，且神格甚高，廚房與神明桌相對，相當於兩神相對，必成戰局，主家道不安。建議將神明桌的位置做調整。

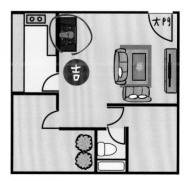

插畫_張小倫

餐廳懸掛大幅畫作，也能營造歐風大器的用餐氛圍。圖片提供_演拓設計

114

看歐美影集，主角的度假別墅，餐廳掛著華麗邊框的大面鏡子和吊燈，看起來好時尚，但聽說餐廳有大面鏡子在風水上來說並不好，易耗財，是真的嗎？有方法可以破解嗎？（台中的Amy）

A：利用鏡面加大空間是居家設計很常見的設計手法，但站在風水角度來看，餐廳中若有大面鏡子，會產生耗氣耗財的狀況，可能每天都會覺得食物不夠好，而花費不必要的金錢。直接敲掉鏡子是最快速的做法，但若想保留鏡面造型，又想化解風水疑慮，可以選擇將部分鏡面以木作方式包覆，讓餐廳保有空間加大的效果，並改善耗財的問題。除了木作之外，也可利用壁布或壁紙將鏡面貼住，在化解風水禁忌之際，還能轉換原本的空間設計，就像換了一個新的餐廳，增加居家生活的變化。

115

　　搬進新家一直生病，朋友來我家，看到廚房和廁所相連，而且我家的瓦斯爐跟馬桶還只隔了一道牆壁，就說這樣很不好，搞得我心情好差，這樣真的對健康運勢有影響嗎？（新北市新莊的文庭）

　　A：廚房包廁所的格局，會造成水火相剋的情形，加上爐火和馬桶只有一牆之隔，這種格局，任何人住了都容易生病，建議最好調整爐台位置，或是乾脆搬家。

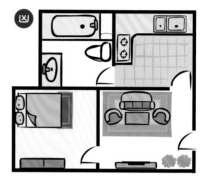

插畫_張小倫

瓦斯爐台不要設在排水溝上。插畫_張小倫

116

　　最近隔壁鄰居在房屋後方的空地向外加蓋，多了近6坪的空間，廚房和餐廳規劃在一起，看得我好心動。但聽說加蓋的下方剛好是排水溝，這樣會不會不好？（新北市三峽的王媽媽）

　　A：不少一樓的住戶會將屋後空地向外加蓋，並把廚房設在加蓋的位置上，如此一來往往造成爐台在排水溝上的情形，看起來使用空間是變大，但可是會衍伸出風水問題，這樣的配置會造成主婦的婦科疾病、家人腸胃的疾病，及錢財和事業上的不順。二樓以上向外加蓋，如果底部懸空，也會產生類似的問題。

書房及小孩房

不論是學齡孩子或是成人，都會需要能閱讀、上網甚至工作的空間，書房或工作區規劃得好，除了增加學習或工作的效率，也會提升學業、事業運。小孩房的規劃，也會影響孩子的表現和發展，也要好好注意。

書桌面窗，採光通風好，有助學習及事業運。圖片提供_幸福生活研究院

117

決定要參加明年的高考，想把書桌挪個位子，希望能增進念書的效率，不過究竟是靠牆放孩是靠窗放，對學習和考運比較好呢？（苗栗的小蔡）

A： 採光充足和良好的通風，是好的氣場，對提升運勢有幫助。建議書桌可安排在明亮的靠窗處，讀書時能有自然光與微風陪伴，遠比在昏暗不明又不通風的區域念書來得有成效，累的時候還可看看窗外休息一下，才不會越念越心煩而放棄。

118

聽說書桌面對牆壁放不好，不過這樣不是會比較專心嗎？（桃園中壢的昀昀）

家人共用的書房，小朋友的座位可面牆壁，大人的最好面窗。圖片提供_藝念集私

A： 書桌若面壁，雖然能不受影響專心念書，但長時間下來會使眼光變得短淺，有礙事業的發展。

開運妙招

■ 將書房安排在文昌位

眾所皆知「文昌位」與考試運和讀書運密不可分，每間房子都會有一個文昌位，若能將書房或書桌規劃於此位，有助於腦力激發並提升讀書效率。文昌位有分很多種類，最簡易的文昌位就在家中的東南方，查詢見P19。

119

念法律的我，參加司法特考多年卻總是落榜，考運一直不順，請人來家裡看風水，發現家裡的文昌位剛好是廁所！這真的會影響我的考試運嗎？（宜蘭的李先生）

A： 廁所剛好位在文昌位，對意在求取功名者來說是一大忌諱，有阻礙考試運的可能，但更動廁所位置是大工程，建議改善閱讀環境或以平常心應考。

120

　　為了讓孩子專心念書，我把兒子的書桌朝房間裡放，背對房門，有時想看一下他做功課的狀況，但他老是抱怨我的敲門聲嚇到他，或是常會心神不寧，這樣的書桌擺法是不是不太好？（台中豐原的朱媽媽）

A：書桌正好背對房門口，容易受到外面人員走動而心神不寧，會導致無法耐心坐在桌前念書，一直想往外跑。建議最好是側向門，或是將書房規劃在家中較寧靜不受干擾的位置。

書桌最好不要背對門，以免受到外面聲響干擾而分心。圖片提供_舍子美學

開運妙招

■ 念書不分心的書桌佈置

書桌附近的牆面，不要貼偶像的照片、海報，書桌上也不要擺放鏡子、公仔、玩偶。就心理學來講，這些東西會使人分心，同時也會影響身心發展。

121

　　兒子上中學了，成績一直不理想，做功課念書容易分心，不曉得是不是他房間的裝潢有關，因為是在他小時候做的，用了可愛花俏的壁紙，這個和他成績不好有關係嗎？

A：靛藍色讓人心情平靜，可採用讓人平靜的靛藍色或大地色，和緩情緒，或是運用圖案簡單的壁紙妝點小朋友的臥房或是書房，讓小朋友睡好覺，也能專心做功課。

柔和又讓人平靜的藍色，搭配圓潤傢具線條，讓人比較能靜下心。圖片提供_明樓室內設計裝修

書桌不對床，比較不會受到干擾而萌生睡意。
圖片提供_成舍設計

122

　　兩年前裝修家裡的時候，因為小孩房空間不大，設計師把小孩房的書桌和床做在一起，坐在書桌前就會直接看到床鋪，那時後覺得沒什麼，但兒子的功課一直不好，寫作業經常分心，不然就是才坐一下就哈欠連連，這跟床和書桌的方位有沒有關係呢？

A：書桌直接面對床鋪，容易產生睡意，對於讀書、考試皆有負面影響。建議最好調整傢具擺放的位置，不要讓小孩坐在書桌前的視線和睡床相對。

123

最近買了房子正在和設計師討論格局如何規劃，我有很多書，也會需要在家處理一些公事，希望能有一個獨立的大書房，但空間坪數有限，讓我有點傷腦筋。書房的大小應該沒有什麼風水禁忌吧？（新北市永和的張小姐）

A：工作用的書房空間大小應適中，大而無當反成惡局，由於空間中的氣難聚易散，分心機率很高，若使用者是公司高層，對事業發展將產生負面影響。

開放式工作區可兼做書房，空間運用有彈性。圖片提供_禾築設計

開運妙招

■ 用大門位置定文昌位速查表

大門位	東	東南	南	西南	西	西北	北	東北
文昌位	西南	東	東北	北	西北	中宮	南	西

124

最近換屋，要重新分配家裡每個人的房間，要怎麼安排對全家人的運勢比較好呢？（新竹的張先生）

A: 安排家中成員房間的風水原則，是以負責全家生計的家長或已就業的成年子女為優先，再依各成員的需求、特性來安排。家中小孩年紀若在18歲以下，房間最好安排在靠近裡面的房間，父母房在近門處；如果家中小孩已超過18歲，房間最好安排在近門處，父母房靠內。

插畫_張小倫

圖片提供_幸福生活研究院

125

家裡空間有限，暫時也沒有換屋打算，想讓兩個還沒上小學的女兒住同一個房間，但又擔心兩個孩子會玩成一團或鬧得不可開交，怎麼規劃會比較好呢？（屏東的阿信）

A: 空間的使用，也是個人管理自我生活的一種展現。如果家中有一個以上的子女，並決定先讓孩子們共用一間臥房的話，可成為促進孩子學習如何跟別人相處的絕佳生活磨練。不過，在共用的兒童房裡，最好讓每個孩子都擁有一處完全屬於自己的角落，以培養獨立人格與自信。例如，床鋪周遭可規劃一些檯面或收納櫃，擺放或存放孩子心愛的私人物品。

126

想培養小孩的閱讀習慣，要怎麼規劃小孩房比較好？（彰化的東東）

圖片提供_明樓室內裝修設計

A: 研究顯示，0至6歲是人的大腦生長最迅速的時期，此一時期多讓幼兒接觸圖書，幫助他們更容易養成閱讀的習慣；6到12歲為閱讀的豐沛期，孩童閱讀就像海綿吸水般，只要是感興趣的圖書，不論何種題材或類別都會吸引他們的注意力。規劃兒童房時，為他們營造一個適合閱讀的環境，有助於閱讀習慣的養成。 書櫃設計應以孩童高度方便拿取為原則，讓孩子自己選擇喜歡的書籍，把握隨時都可以閱讀的時機。另外，選一把符合人體工學的坐椅，可調高低、坐墊舒適，讓孩子可以坐得住，培養小孩閱讀與寫功課時的專注力。

開運妙招

■ 睡好覺學習表現跟著好

好的睡眠品質，讓兒童成長發育時腦部獲得適當休息，同時，足夠的睡眠時間影響智力的正常發展，睡一個好覺的秘訣在於，讓小孩養成固定上床睡覺的時間，並為他們營造一個舒適有安全感的睡眠環境。由於台灣氣候溫暖潮濕，容易激發孩童過敏體質，兒童房內應以抗菌、防蟎材質為主，可以捲簾代替布簾，寢具則以純棉、吸汗為要，才不會傷害兒童細嫩的皮膚。

127

兒子已經上小學，我們想訓練他在自己的房間睡覺，但他經常在半夜作惡夢醒來，又跑過來和我和老公擠，看他這樣也很不忍心，是小孩房的佈置有問題嗎？（新竹竹北的小栗）

A：如果孩子尚小，小孩房的空間不宜過大，讓會孩子沒有安全感，也不要放太多布偶娃娃，免得孩子半夜醒來受到驚嚇。溫暖柔和的燈光為營造舒適兒童房的功臣之一，許多兒童不敢在黑暗中獨處，建議點一盞小夜燈或者選擇具微調功能的燈具，讓孩子睡覺時有安全感。

圖片提供_耀昀創意設計

圖片提供_芽米設計

128

女兒已經要上幼稚園了，想把書房改成她的房間，不過之前的裝潢比較現代，有一些稜角線條，感覺好像不太適合這個年紀的孩子，這對孩子的發展好嗎？（新北市中和的曉君）

A：住家最好都避免銳角的線條，尤其是小孩房，除了風水上的考量之外，也是安全上的考量。在空間規劃上，要站在孩子身高來考量，才可避免孩子撞到櫃子，或造成孩子使用上不方便，像是一些家具、造型的轉角，都要修圓，或倒斜角設計；容易傾倒、掉落東西的造型也應該避免，讓孩子可以盡情活動遊戲。

Part 3

設計師破解！
住宅常見10種NG風水格局

看似無害的居家空間中，可能暗藏許多意想不到的風水大忌，在無形中阻擋了自己財運、事業運和健康！以下介紹10個在一般住宅、建案中常見的壞風水，說明對居住者會造成什麼影響，再請到專業室內設計師，透過設計裝修化解這些風水禁忌，同時兼顧使用機能與美感，住宅格局很難百分百完美，設計師出馬讓美中不足的NG格局宅逆轉勝！

NG1 穿堂煞
前後門或大門與窗成一直線，易漏財

　　這種大門打開正對後門或窗戶的「一箭穿心」格局，是風水中所謂的「穿堂煞」。堂就是廳堂、房子，而穿堂就是廳堂或房子兩端被貫穿的意思。現代建築的設計常會出現穿堂煞的情況，像是大門對落地窗，或是窗對窗的情況。居住在有穿堂煞的房子裡，對人的運勢與健康都有不好的影響，容易有洩財、意外血光、身體病痛的情況產生。由於屋宅風水講究「藏風聚氣」，如果前後門或窗中間毫無屏障，不但氣流無法在空間內盤旋，從大門進來的錢財，也像是放入了一個無底的口袋，直接就從後門流出，再加上大門主掌事業，因此也會讓工作、事業容易遇到挫敗。可視個別空間條件，利用各種玄關設計手法，都能化解穿堂煞的情形。

有天，毛毛蟲很輕鬆的在家看電視⋯

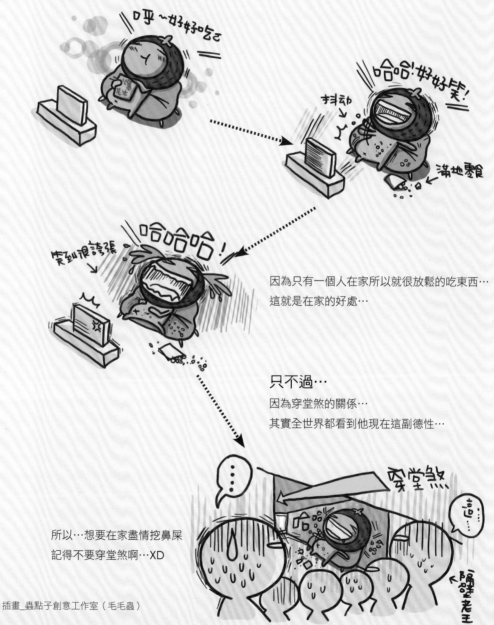

因為只有一個人在家所以就很放鬆的吃東西⋯
這就是在家的好處⋯

只不過⋯
因為穿堂煞的關係⋯
其實全世界都看到他現在這副德性⋯

所以⋯想要在家盡情挖鼻屎
記得不要穿堂煞啊⋯XD

插畫_蟲點子創意工作室（毛毛蟲）

設計黑鐵造型屏風

玄關隔屏以鐵件打造，造型呼應公共空間牆面的線板元素，化解開門見窗的情況，也讓整體公共空間
維持透亮開闊。圖片提供_王俊宏室內設計

破解 2

端景牆和窗簾阻隔

在大門對面設計一道端景牆修飾，同時界定裡外空間，並在客廳的大面落地窗加裝不透光的窗簾，平日將窗簾拉上，化解穿堂煞。圖片提供_博森設計

破解 3

木牆延伸造型櫃

進門是一面讓人感到放鬆的鋼刷梧桐木牆，背後延伸穿透式設計的造型層架，讓屋主擺放收藏裝飾，回家就看見生活的點滴回憶。圖片提供_陶璽設計

破解
4

玄關規劃解煞又符合收納功能

大門對落地窗情形非常明顯，在客廳空間充裕的情況下，規劃了一個既能化解穿堂煞，又能收納鞋子、外出衣帽的玄關設計。圖片提供_權釋國際設計

破解 5

運用透光隔屏代替完整的玄關

穿堂情況不嚴重，例如只對到一點窗戶，或客廳空間不足以規劃完整的玄關，可以隔屏設計取代，依空間大小與穿堂情況設計隔屏尺寸。圖片提供_陶璽設計

破解 6

利用魚缸破解不良風水

屋主喜歡養魚，設計師在入門處設計一尺寸大小剛好遮住穿堂視線的魚缸，並以象徵圓滿的圓弧造型設計，兼顧興趣並破解不良風水格局。圖片提供_王本楷室內設計

破解
7

對門或對窗規劃拉門

小坪數受限於空間條件，為引入衛浴面的光線，衛浴門片採用拉門設計，關上時就像一面
木牆，也避掉開門見窗和對衛浴門的問題。圖片提供_王俊宏室內設計

破解 8　玄關雙面櫃兩邊收納

為滿足收納並化解開門見窗問題，玄關和客廳之間設計了一道雙面櫃，上方讓光線穿透，下方則整合客廳視聽設備與玄關收納。圖片提供_禾秌空間設計事務所

破解 9　以白色收納櫃牆區隔

以收納高櫃做為玄關牆，隔開大門與客廳落地窗對穿的問題，採用白色降低量體壓迫感，並在櫃體及櫃底設計燈光營造輕盈感受。圖片提供_晶璽設計

破解
10

不讓空間變小的玄關隔屏

8坪小套房沒有空間規劃玄關，設計師以一道從電視櫃牆延伸底部穿透的玄關造型隔屏，化解風水問題，同時簡潔好看。圖片提供_王俊宏室內設計

破解
11

圓弧造型的玄關設計

玄關大門以木作包覆，設計底部不做滿的半高櫃搭配圓弧形隔屏，作為端景也化解穿堂問題。局部地板以同前馬賽克磚鋪陳，美觀之外也有正面風水象徵。圖片提供_摩登雅舍

破解
12

東方語彙屏風配格柵迎賓

男主人喜歡中式傢具，玄關隔屏結合白色格柵與中式窗花，阻擋視線同時維持透光，成了兼具風水考量又復古的別致屏風。攝影_Yvonne

進門見瓦斯爐和水龍頭，錢財外露易被竊、外流
NG2 開門見灶

　　有如古代糧倉庫房的廚房，被視為是財庫的象徵，而瓦斯爐又是財庫的核心，一進門就看到瓦斯爐，象徵錢財外露，容易引人竊取；而在風水上，水槽即是水，水又主財，若進門就直接看到水龍頭，表示水向外流，漏財的情況就容易發生。居住在進門就是廚房的房子，會使人覺得工作負擔太重，每天為了生活而奔波，這種格局常見於小套房，但也有60～70坪的房子會有這種格局。可透過微調格局或廚具吧檯的設計，避開惱人的壞風水。

毛毛蟲自從知道家裡餐廳
就在鄰居的廁所正下方後…
越想越渾身不舒服
於是 決定把家裡位置變動一番！

開門後…

餐廳雖說不能放在樓上廁所底下
但是放家裡大門口也太扯了吧

插畫_蟲點子創意工作室（毛毛蟲）

破解 1

以局部隔屏阻隔視線

利用局部的隔屏擋住視線，化解進門就直接看到瓦斯爐和水龍頭的禁忌，不但保有廚房空間的穿透，又能解決容易招致漏財風水的格局。圖片提供_翎格設計

破解 2

設計櫥櫃、屏風阻隔

藉由櫥櫃設計，讓視線不會直接看到廚房內部，化解廚房外露的情況。並將櫥櫃設計為兩面使用的收納櫃，同時具備美觀和實用性。圖片提供_德力設計

破解 3

吧檯式餐桌區隔廚房

在客廳與廚房之間以吧檯搭配高腳椅做便餐桌，略高於瓦斯爐流理檯面的吧檯，解決進門視線會看到爐台的狀況。圖片提供_幸福生活研究院

破解
4

美形廚具化爐台於無形

與客廳相連的廚房，採用黑色烤漆玻璃鋪陳，並選用造型簡潔吸力強的抽油煙機，美化廚具線條，中島延伸餐桌，也適度區隔廚房空間。圖片提供_馥閣設計

破解 5

透光霧面玻璃把廚房藏起來

廚房面對公共空間的一側，以半高霧面玻璃區隔，上方檯面可置物或做為吧檯使用。半開放式的廚房設計，做菜時仍能與家人互動，但瓦斯爐台又不會被直視。圖片提供_幸福生活研究院

破解 6

用牆面及吧檯界定廚房

位在大門左側的廚房，以一道牆面和客廳區隔，避免進門就看到廚房。結合電器櫃設計的吧檯，定義廚房空間同時維持開放感。圖片提供_成舍設計

破解
7

備餐檯結合吧檯的多功能設計

L形廚房側面的水槽與備餐檯，上方增設人造石檯面，就成了簡便的吧檯用餐區，同時擋住看進廚房的視線，瓦斯爐不會外露。圖片提供_梵蒂亞國際設計

破解
8

利用捲簾遮掩廚房

為了增加小廚房能用的區域，在廚房和餐桌間以半高櫃體增加收納，上方捲簾除了隔絕視線也能阻擋油煙散逸。圖片提供_馥閣設計

破解
9

半高隔板把爐台遮起來

將餐桌設於廚房走到外側的中央位置，中間以玻璃拉門區隔，餐桌旁的黃色隔板裝設插座與網路孔，也可做為工作區，隔板也能遮掩看入廚房的視線。圖片提供_馥閣設計

同場加映 1

瓦斯爐上方有樑，積蓄難留

　　一字型和L型的廚房最容易出現「橫樑壓灶」的狀況，讓財庫核心瓦斯爐承受樑柱所帶來的壓力，象徵著人會為了錢財承受很大壓力，且積蓄也不易留住。

破解1

樑下設計吊櫃增收納

若不想做天花板，不妨在橫樑下設計吊櫃，利用櫃體隔開橫樑與瓦斯爐，並讓樑下空間具備實用功能，多了收納餐具與乾糧的空間，把原本惱人的困擾變成了優點。圖片提供_成舍設計

破解2

以天花板修飾橫樑

以造型天花板包覆廚房上方的橫樑，並設計內嵌式照明，達到修飾橫樑的效果。圖片提供_演拓設計

破解3

在橫樑下加做厚牆

想避開橫樑壓灶，最直接的方式就是讓瓦斯爐離開樑下，可將樑下空間加厚成為實牆，爐台自然被移至橫樑前方，再以石材鋪陳展現紋理之美。圖片提供_水相設計

同場加映 2

廚房格局透明、開放，積蓄易耗損

　　人稱財庫的廚房，最好要有獨立的空間才不會讓進門的財富失散，但越來越多人為了讓居家空間擴大，而採用開放式的廚房設計，透過設計，還是可以達到美觀機能和風水考量兩者並存。

破解 1　設計較高的中島、吧檯

避免開放式廚房被透視的問題，規劃吧檯阻擋廚房被看見的風水考量，也增加空間功能性，吧檯高度要比廚具稍高，才能達到看不見廚房內部的目的。圖片提供_成舍設計

破解
2

以玻璃門做為區隔

為保有空間的寬敞度,可利用玻璃材質設計廚房門,讓廚房有獨立的空間,也能維持空間的寬闊,不致因多了一道阻隔而變得陰暗、狹小。圖片提供_成舍設計

破解
3

半高廚櫃界定廚房

在L形廚房多加一道半高廚櫃,和客廳做出區隔,同時作為沙發靠背,增加收納陳列功能,同時讓廚房空間更完整。圖片提供_綺寓設計

臥房門與其他門對沖，多口舌是非
NG3　門對門

　　門與門相對的情形，在現代建築中常可見到，不論是兩門相對或者三門成「品」字狀，對於居住者彼此都有不和諧等困擾。在室內房間之門稱之為「戶」，戶對吉凶論斷最忌諱成品字的三個門，等角的門位，則主口角不斷、家庭不和諧，若門成一直線，也代表口舌是非，代表家人容易為反對而反對，而臥房門與大門相沖的情形，代表著對金錢財運不利。。然而，兩門相對的情形，代表各自獨立的現象，其實現代人過著忙碌的生活，需要彼此付出關心來改善人際關係，比門對門的情況來說更加嚴重。

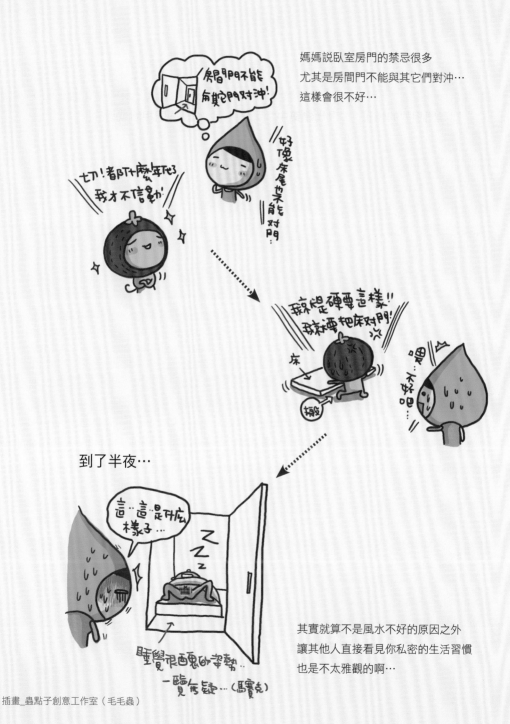

媽媽説臥室房門的禁忌很多
尤其是房間門不能與其它們對沖…
這樣會很不好…

到了半夜…

其實就算不是風水不好的原因之外
讓其他人直接看見你私密的生活習慣
也是不太雅觀的啊…

插畫_蟲點子創意工作室（毛毛蟲）

破解
①

拆小房隔間改可收納門片

原在廚房旁的小房間，門直對廚房瓦斯爐，也讓空間變得狹隘。將實牆隔間拆除，用可收納的拉門取代，開放式書房也能兼做客房。圖片提供_博森設計

破解 2

移走兩間衛浴改善三門相對

原本圖右處的開放式書房為兩間相鄰衛浴，對面是一間小房，形成三門相對的情形。將衛浴整合成一間移至角落，打開小房隔間牆成為多機能室，空間變開闊，動線也順暢許多。圖片提供_向喆設計

破解
3

主臥門片改成暗門設計

主臥門改以暗門手法向前推進，讓臥房空間變大，讓改善走道狹長問題，也解除原本和另一間小房兩門相對的情況。圖片提供_演拓設計

破解
4

主臥門轉向改善品字對門

兩間衛浴卡在主、次臥之間，進出動線容易打結。改變主臥門片方向，利用多出的走道空間設置浴缸，進出兩間臥房的動線不再互相干擾。圖片提供_杰瑪設計

破解
5

空間整合消除門片相對

重新規劃主臥空間，擴大主浴，移動客浴，拉齊空間線條改善動線，滿足收納，並消除原本公共衛浴、主臥、次臥門片ㄇ型相對的情況。圖片提供_無有建築設計

破解
6

拆掉用不到的房間隔牆

將過多的隔間拆除，釋放空間引入光線，將客廳、餐廳、書房整合成一個開放的公共空間，也改善原屋況房門相對的問題。圖片提供_PartiDesign Studio

破解
7
主臥門換位置避開主浴門

主臥和客房空間重新分配，將客房改成書房，並在主臥內增設一道牆，對面做成更衣間，將主浴藏起來，避開床對衛浴門的情形。圖片提供_里歐室內設計

破解
8
餐廳移位兩房打通變客廳

原本的三房格局主臥和一間次臥門相對，而且次臥近鄰廚房，將客廳位置改為8人大餐廳，打通兩間次臥改成寬敞客廳，門門相對的情況迎刃而解。圖片提供_十分之一設計

破解 9

將主臥入口隱藏起來

原格局兩間套房的房門正對，將其中一間套房打
開，改成書房和客廳，沙發後的主臥門片以鏡面
結合繃布設計，和收納櫃融為一體。圖片提供_
水彼空間製作所

破解 10

打開四門相對的擁擠格局

拆掉部分隔間牆，以擁有大片書櫃的半開放書房為中心，調整原本擠在一起的房門，連貫更區域的互
動。圖片提供_禾創設計

破解 11

書房客房放中間的環狀動線

原格局用長走道連接臥房區，不但陰暗且動線不順。打掉房屋中心的隔間，重新打造回字動線，改善長走道房門相對問題，也讓空間感變大。圖片提供＿邑舍設紀室內設計

睡床壓樑或面壁刀，不利家人運勢
NG4 床頭壓樑

　　臥房是讓人放鬆休息的空間，但因建築結構問設計的關係，臥房空間常會出現橫樑經過的問題，樑經過床位都不是很好，其中最忌諱的就是床頭橫樑壓頂的問題，除了風水上的考量，躺在床上就看見粗大的樑，有被壓迫到的感覺，容易影響心理和睡眠品質，因此床位最好能避樑放就避樑放。如果真的避不開，也可透過床頭櫃、收納櫃結合樑柱設計，或是燈光情境的安排，降低橫樑造成的壓迫感。

插畫_蟲點子創意工作室（毛毛蟲）

床頭櫃牆內凹設計

床位避開大樑，並以木作包覆修飾，床頭設計落地櫃避開橫樑也滿足收納，內凹的空間，讓屋主擺放睡前閱讀的書籍。圖片提供_十分之一設計

破解
2
天花線板和收納櫃藏樑

建築原有的橫樑，透過設計上下
分開的床頭收納櫃藏樑，並設計
繃布床頭板，讓床頭避開壓樑問
題。天花板以線板修飾，化樑柱
於無形。圖片提供_IS國際設計

破解
3
床頭橫樑加裝情境燈光

床鋪避開樑柱，在床頭橫樑下裝設嵌燈，結合床頭櫃與閱讀燈的設計，並設置臨
窗平台，讓樑柱之間的內凹區塊，和兩扇窗形成凹凸有致的立面變化。圖片提供
_大荷設計

破解
4

以木皮繃布修飾床頭壁面

床頭橫樑不是很突出，床頭牆面以木皮和繃布設計簡單造型，選擇床頭板有厚度的床架，讓床頭避開壓樑區域。圖片提供_演拓設計

破解5

弧形天花藏樑於無形

天花板的橫樑與管線，設計師用一道造型天花板搭配木格柵修飾，並挑選和沙發一組的床架，拉開枕頭與上方橫樑的距離。圖片提供_王俊宏室內設計裝修

破解
6
壓低床頭避開橫樑位置

男孩房透過壓低床頭造型的設計手法，避開天花板大樑，床頭板上還能放置心愛布偶做裝飾。圖片提供_演拓設計

破解 7

線板繃皮造型床頭牆修樑

主臥房床頭以大片白色繃皮框線板，做出菱形切割線條造型，讓床頭避開原本就不算突出的樑，同時點綴主牆視覺。圖片提供_藝念集私

破解 8

深色收納櫃避樑增收納

男孩房床頭設計線條簡單的深色收納櫃，床頭內凹處可放置偶像的公仔和模型，床兩側的各有一個內凹空間，有如床頭櫃的功能。圖片提供_藝念集私

破解
9

造型床頭牆分散樑柱印象

臥房的床頭牆面，以水藍色底搭配白色線板做為空間焦點，天花板也以線板收邊修飾，把橫樑藏進牆壁裡。

破解
10

木皮床頭板連結床頭櫃

床頭櫃延伸較低的床頭板，厚度拉開床架與牆壁的距離，少了床頭板的視覺份量，仍達到床頭避樑的效果。圖片提供_成舍設計

破解
11

橡木光帶分散對樑的注意力

床頭櫃一體設計拉開床架與強的距離，加上床頭牆面以天然橡木搭配間接光源，勾扣主牆層次，引開視覺對橫樑的注意力。圖片提供_江榮裕建築師事務所+居逸室內設計

破解
12

造型床頭板整合床架

長輩房以自然木質為主題，床頭以橡目做出凹凸層次，避開略為突出的橫樑，並以訂製藺草榻榻米做床墊，營造無壓力臥房空間。圖片提供_江榮裕建築師事務所+居逸室內設計

破解
13

由地板向上延伸自然木意

藍色牆面與木地板營造紓壓氣氛，
床頭牆面延伸地板木意，也拉開床
與牆的距離，加上枕頭的空間，就
避開微突的橫樑。床側並設計木質
層板做為床頭櫃。圖片提供_禾築
設計

同場加映

舒適好睡的臥房規劃重點

一、床頭最好不要靠窗。

二、床不可與臥房的門口相對。

三、睡眠者的腳不可正對著門口，風水上的影響多半會讓居住者感覺不安穩，或
　　者是廁所穢氣容易因門對門而有流通的情況。

四、臥房的財位也應多加注意，就設計的技巧上可配置照明，以光亮的意象讓財
　　運更加旺盛。

五、床頭務必靠牆，床頭的位置若是靠窗容易產生腦神經衰弱、睡不好的情況。
　　因此若房內有窗戶時務必注意床頭的位置配置，若不得已要靠窗，可將窗戶
　　封住，或以活動建材替代，製造靠牆的格局。

六、不要擺放太多或過密的盆栽而阻礙自然光進入。

衛浴位在房子中間，穢氣難流通
NG5 衛浴在中宮

　　中宮指的是房屋的中心位置，將平面圖畫為九宮格，中心的那個區塊即為中宮。如果浴室或廁所整個或一部分在那個位置上，即為「衛浴入中宮」，主破財，屋內最容易產生穢氣的地方就是廁所，廁所容易聚陰，若靠近室內中心，因採光、氣場較差，對年紀大的人容易造成心臟問題，對年紀較輕的人則會有腸胃毛病。

　　遇到這種情形，能夠移位是最好，但也要考慮管線遷移的問題，或是加裝抽風設備，保持通風乾燥。也可在衛浴擺放鹽燈、常青植物，或者是在衛浴門掛門簾，透過室內設計的手法，強化通風排水的效果，讓浴廁氣流通暢不至潮濕發霉，並加以修飾美化，也能改善這個風水問題。

今天是情人節
水妹妹到毛毛蟲家吃浪漫的燭光晚餐⋯

一個有氣氛的吃飯空間
最忌諱的就是看見馬桶在你面前
浪漫之餘 空間的風水也要顧到啊:D

插畫_蟲點子創意工作室（毛毛蟲）

小衛浴置入獨立淋浴間減濕氣

洗手檯和鏡子設在一角，空間就容納得下一體成型淋浴間，乾濕分離的設計，讓地板保持乾
爽，並開一扇窗讓空氣流通。圖片提供_里歐設計

破解
2

改善採光和通風條件

衛浴空間也要放置洗烘脱衣機，容納不下
乾濕分離淋浴間，改以浴缸搭配活動浴
簾，並加大窗戶，降低水氣停留的時間。
牆面以略帶粗獷的文化石鋪陳，為不大的
衛浴增添空間表情。圖片提供_隱巷設計

破解 3

隱形門片藏住衛浴入口

無法移動衛浴位置，就把入口藏起來。衛浴門片採用黑玻拉門，整個拉上時，和客廳電視牆的黑鐵的拉門融為一體，維持空間完整性。圖片提供_馥閣設計

破解 4

用拉門和玻璃阻絕水氣

洗手檯和廁所浴室之間加裝霧面玻璃拉門，使用上更有彈性，浴室淋浴泡澡功能合一，花灑旁加裝清玻璃，避免淋浴時水濺出，也安裝抽風設備。圖片提供_馥閣設計

破解
5

玻璃隔屏防止水花四濺

在淋浴間以玻璃隔屏和廁所區隔，洗澡時的水花不會灑得到處都是，精算洩水坡度讓水在短時間內排乾，面陽台側開窗及裝設抽風設備，縮短水氣停留時間。圖片提供_成舍設計

破解
6

抗霉材質打造簡潔浴室

洗手檯檯面和浴缸採用一體成型設計，Epoxy地板和白色磁磚，與紅色塑料浴缸形成鮮明對比。鏡子懸掛在窗戶前方，用拉簾調光，採光和通風都好。圖片提供_無有設計

破解
7

一套半衛浴擁有完整機能

將原本兩間狹小無乾濕分離的全套衛浴，改成一套乾濕分離衛浴與一間廁所，透過雙邊拉門設計，讓它既可是主臥專用，也可做為公共衛浴。圖片提供_無有設計

破解
8

濕區成側並加強通風設備

衛浴所在位置無法對外開窗，除了以玻璃材質區隔淋浴間之外，同時在淋浴泡澡區加裝通風設備，減少水氣停留的時間。圖片提供_上陽室內設計

破解
9

是衛浴門片也是餐廳端景牆

餐廳旁的牆面，採用橡木染黑木皮縱向切割線條，其實是衛浴的入口，透過修飾美化，降低浴廁的存在感。圖片提供_成舍設計

破解
10

淋浴間獨立設計

將洗手檯、馬桶、淋浴間分開，維持各區獨立性，也讓水氣停留在淋浴間內，並用抽風機排出濕氣，洗完澡衛浴依舊乾爽無須費心打掃。圖片提供_禾創設計

破解
11

調整衛浴內格局達到乾濕分離

調整廚房位置後，為避免廚房對廁所門，將一間衛浴併入主臥後改變它的開門方向，同時設置獨立淋浴間，維持浴廁的乾爽清潔感。圖片提供_懷特設計

廚房包浴廁或對爐台廁所門，影響家人健康
NG6 廚房對廁所

　　廚房門與廁所相對，或浴廁在廚房內，等於穢氣直沖廚房，將影響家人的身體健康，特別是爐灶若正巧與廁所門相對，以風水角度來看，除非將爐灶移位，即使是掛上門簾或時常把門關上，也無法化解沖煞的問題。若沒有移開，每年年中的月令星羽位置卦氣相合，那個月的健康將產生問題，不得不慎重處理。通常要移開衛浴較為麻煩，如果真的無法移動衛浴及廚房的位置，可調整爐台不要正對廁所門，再藉由設計與佈置修飾。

毛毛蟲自從上次做大餐失敗之後
這次終於成功了！就等水妹妹過來品嘗⋯

水妹妹到了家裡之後⋯

突然吹進來了一陣風⋯

廁所門跟廚房門相對
飯香味跟廁所臭味混在一起
飯怎麼吃得下呢？

插畫_蟲點子創意工作室（毛毛蟲）

破解
1

規劃大片拉門當作裝飾牆

在廚房部分以大片拉門規劃，平日將拉門拉上看起來就像一面裝飾牆。圖片提供_梵蒂亞國際設計

破解 2

暗門設計隱藏衛浴門

若只是廚房門與廁所門相對，可利用暗門設計，將廁所門與浴室門隱藏起來，破解兩門相對的情形。圖片提供_梵蒂亞國際設計

破解 3

更改廚房或廁所的開門方向

在無法變更廚房或衛浴的牆況下，採用更改衛浴開門的方向方式，讓衛浴門改從主臥及更衣間兩個動線出入。圖片提供_成舍設計

破解
4

無法改變方向保持廁所通風

若是無可避免，浴廁的門必須面對廚房、
餐廳、房間等，就盡量讓廁所保持潔淨的
空氣，增加抽風機運轉的時間，都有助於
改善空氣品質。圖片提供_語承設計

破解
5

洗手檯外置改變衛浴開門方向

原本的衛浴狹小限制了開門方向，將洗手檯
外置並增為兩個臉盆設計，方便全家人同時
使用，讓出的空間可調整衛浴內的配置，避
開面對廚房開門。圖片提供_禾創設計

破解
6　橫向移動爐灶位置避門口

橫向調整移動廚房爐台的位置，避開爐台對到衛浴門的情況。圖片提供_齊舍設計

明堂堆雜物有穢氣，影響財運和事業運
NG7 明堂雜亂汙穢

　　以居家來説如果你是前方有陽台，經過落地窗可進入室內的話，陽台就可稱為外明堂。因為它是一個突出物，藉由上下、左右牆面的作用，就會形成迴旋的氣場。如果你的住家是一樓，大門前方的小院子同樣能留住氣場，因此也可稱為外明堂。若是沒有陽台，大門入內的玄關則被視為內明堂。很多人喜歡把鞋櫃或是儲藏櫃放在陽台，但又不整理乾淨，鞋子、雨傘、雜物丟得到處都是，如此的明堂，必定形成汙穢的氣場，一但引入室內就造成整個室內受到汙染，比沒有陽台更糟。透過良好的陽台及玄關收納設計，環境整潔心情好，同時也能提升運勢。

邪惡兔是個舞蹈工作者，外表光鮮亮麗
個性也開放的他…最愛的居家風格也是開放式…

這一天，他按照慣例去夜店把了一個妹…

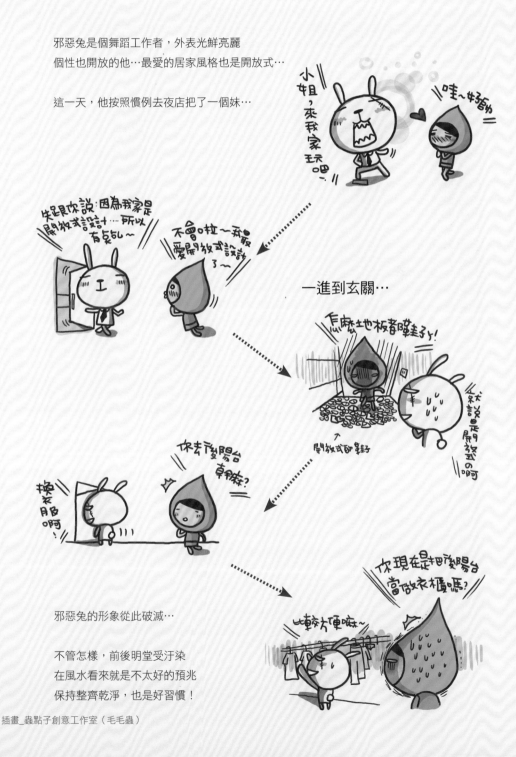

邪惡兔的形象從此破滅…

不管怎樣，前後明堂受汙染
在風水看來就是不太好的預兆
保持整齊乾淨，也是好習慣！

插畫_蟲點子創意工作室（毛毛蟲）

大面櫃牆隱藏牆大收納

大大小小的鞋子、雨傘等等雜物，透過玄關櫃設計可移動層板，讓物品好拿好收。櫃門採隱藏式手把設計，不影響立面線條，整片關上時完全查覺不到它的存在。圖片提供_演拓設計

大鏡子與端景櫃美化玄關

進出家門，整理儀容很重要，大面落地鏡和穿鞋凳方便整裝穿鞋，大門側面放鏡子也有正面風水意義。另外設計展示櫃作為玄關端景。圖片提供_演拓設計

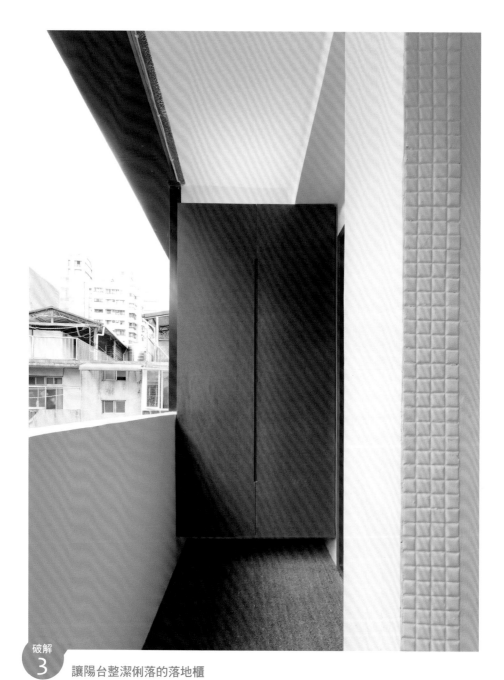

破解
3

讓陽台整潔俐落的落地櫃

從公寓的公共樓梯轉進大門，迎面而來的是能分類收納物品的大型落地櫃，底部不做滿減低量體感，
溝槽式手把設計，簡單中散發細膩作工之美。圖片提供_非關設計

破解 4

連電梯公共空間都美形

由於是一層一戶的住宅，連公共空間都要
經心設計，電梯出來的空間，以文化石牆
和工業風燈具預告居家風格，並以老件
傢具作收納，連屋外都風格十足。攝影_
Yvonne

破解 5

營造休閒感的陽台設計

南方松鋪陳陽台地坪，是單車的家，直長形大窗拉高空間線條，在陽台窗戶裝設
透光捲簾，光線進入室內更柔和，或臨窗賞景都愜意。圖片提供_無有設計

破解
6

以木質打造休閒感陽台

捨棄宛如牢籠的鐵窗，狹長的前陽台天花
以南方松鋪陳，降低壓迫感，圍牆上方也
鋪設南方松，搭配花架，讓屋主能在此蒔
花植草，放鬆心情。圖片提供_禾秝空間
設計事務所

破解
7

外置鞋櫃也可臨時置物

購物完大包小包回家，進門前的矮櫃除了收
納鞋子，上方也可臨時置物。一盞壁燈，讓
夜晚回到家有溫暖的感覺。圖片提供_禾秝
空間設計事務所

破解
8
後陽台是獨享的私密小花園

臨後陽台的窗戶，鋪設木層板就變成窗台，擺上盆栽花束就很有歐洲鄉村小屋的感覺。因為
傢中另有空間作為洗衣工作陽台，這裡就成了全家共同佈置的小巧花園。圖片提供_馥閣設計

破解
9

以東方概念設計玄關收納櫃

屋主喜愛帶有中國風的居家設計，在玄關以圓方線條與搭配紋理鮮明的木皮，設計底部透空大鞋櫃，把手採中式圖騰設計，各式鞋款都能輕鬆收，快速找。圖片提供_摩登雅舍設計

破解
10

陳列與收納兼具還解穿堂煞

大門右方就是大片落地窗，以山形紋木皮與白色噴漆設計玄關櫃，部分透空可陳列擺飾，其他則為有門片的櫃子，下方收鞋，上方收雜物。圖片提供_禾創設計

破解
11

地坪、鏡面和置物櫃打造明亮玄關

門口左側牆面鋪設大面鏡子，雙色拼接地坪區隔裡外，溝槽手把式設計的大櫃子，底不做滿可放常穿的鞋子，大容量的收納，讓家門口時時保持暢通整潔。圖片提供_江榮裕建築師事務所＋居逸室內設計

臥房與浴室門相對沖，容易引來穢氣
NG8 廁所門對臥房

　　受限於建築原始空間格局的關係，常為套房設計的主臥房，常有房門與主臥浴門口對沖的情況，而以廊道串連左右兩側為臥房的格局，公共衛浴也常規劃在一起，也會發生浴廁和臥房對門的情形。以一般的風水禁忌而言，臥房與廁所門相對會有可能引來穢氣，對於居住者的身體健康與精神均有不良影響，而且這樣的設計也常伴隨行進動線不順暢的問題。可透過衛浴位置移動、改變開門方向，甚至重新配置空間格局來化解。如果無法大動格局調整，在浴廁門口掛長門簾，或是將門片改為隱藏式設計，也是折衷化解的辦法。

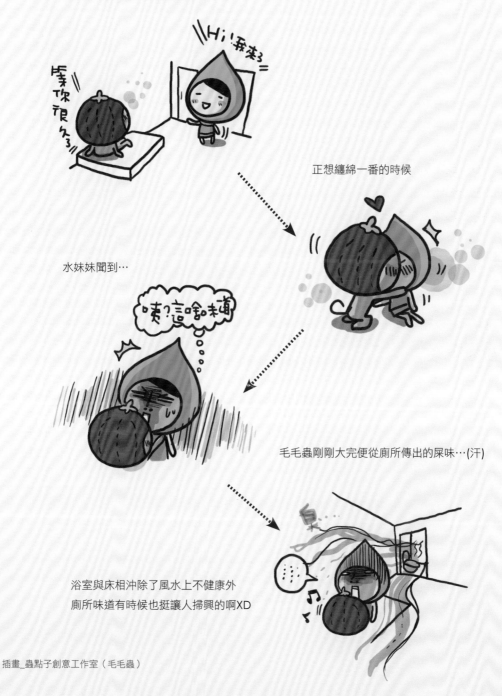

插畫_蟲點子創意工作室（毛毛蟲）

破解
1

對稱暗門消除門片框架

將主臥浴室的門以暗門式概念設計，由於門的框架被裝修技巧消除，因此自然也消除了臥房門口與浴室門口相對的問題。圖片提供_德力設計

破解
2

調整開門方向並增設更衣間

原本的主臥衛浴門對到房門，透過主臥門改向設計，並在睡房和主衛浴之間增設隔牆，靠衛浴的那邊加做更衣間，解決房門衛浴門相對，同時避免衛浴門對床的情形。圖片提供_里歐設計

破解
3

洗手檯外置改變衛浴格局

拆掉原有隔間重新分配格局，將衛浴洗手檯外置，增設一道門讓臥浴擁有公用、主臥專屬兩種性質，化解對門問題。圖片提供_隱巷設計

破解
4
對到廁門的小房納入主臥作更衣室

原本的格局中，廁所門斜對一間小房的門，將小房改為更衣室納入主臥空間，強化主臥收納機能，同時避開廁所對房門的情況。圖片提供_國境設計

破解 5 調整格局錯開房門和衛浴門

圓弧造型天花帶動空間流暢度，立面採用直橫兩種木紋豐富空間表情，改一房為書房，重新分割臥房空間後，就和衛浴門錯開不正對。圖片提供_里歐設計

破解 6 門片與天花高和櫃牆一致

臥房門和衛浴門，和衣櫃門片採用同樣的木皮花紋，不作門框並與天花等高，關上門時就像是一面牆，看不出衛浴和臥房的門口。圖片提供_成舍設計

破解 7

微調隔間位置錯開衛浴和房門

原始格局臥房和衛浴門兩兩相對，空間也被切割得小而零碎，透過拉齊空間線條，並將三房重新分配成二加一房格局，衛浴門不再正對房門。圖片提供_德力設計

破解 8

拉門開啟方向避廁所門

調整格局後，將客房改為架高木地板搭配拉門設計，用途更多元，同時讓拉門開啟方向避開衛浴，解決尷尬的對門問題。圖片提供_德力設計

破解
9

主浴門片藏在牆壁中

主臥門和主衛浴門在同一條直線上，受限樑柱位置無法調整床位，採取主浴門片隱藏設計，門片和床頭壁面採用相同素材，關上時降低入口存在感。圖片提供_演拓設計

破解
10

透光拉門營造另一空間感

臥房門和衛浴門正對，將臥浴門設計成落地形式，霧面玻璃透入光線，讓人不覺得是衛浴而是陽台之類的空間。圖片提供_德力設計

破解 11

改推門為大片拉門

將臥房的門改成大片拉門設計，拉上時維持立面的一致性，不會馬上意識到有門，削弱對到衛浴門的感受。圖片提供_梵蒂亞國際設計

破解 12

改臥房為半開放室書房

將原本一間臥房的空間分給客廳和半開放式書房，考量使用率，取消一間衛浴改為廁所，面積縮小後改善對門問題。圖片提供_博森設計

破解
13

將衛浴移至有對外窗的角落

原本衛浴在主臥內，合併一房空間作為主臥更衣室，順勢將主衛浴移到更衣室盡頭，不但擁有景觀對外窗，也消除斜對主臥房門的情形。圖片提供_演拓設計

破解
14

衛浴開門換方向

將衛浴開門位置轉向工作區域，並透過線條切割與材質選用，將衛浴門片融入公共空間。圖片提供_奇逸設計

破解
15

四房變兩房衛浴變大門轉向

原四房格局房間太多，每個空間又很小，打開隔間後，放大主臥及公共空間，主浴門也順勢轉向，避開臥房門也與床位錯開。圖片提供_PartiDesign Studio

房屋缺角或前寬後窄，健康和財運會受影響
NG9 屋型不方正

　　住宅格局以方正為優，特別是客廳的格局最好是正方形或長方形，座椅區不可沖煞到屋角，若有突出的屋角居住起來也不舒服，特別是多角型、L型或者不規則屋型，都屬於此種不良格局，容易碰到屋角煞。客廳格局不方正容易產生屋角，屋角被形容為暗箭，將影響居住者的健康問題。缺角若超過1/3前寬後窄形成畚箕屋，將造成不聚財的影響。

有一天毛毛蟲去買沙發…

破解1

善用畸零空間作收納

角型房屋的畸零角落規劃為收納空間使用，盡量讓空間看起來方正，利用小空間可作為鞋櫃、儲物間、展示櫃使用。圖片提供_懷特設計

破解2

以壁爐造型修飾屋角

運用鄉村風常見的壁爐元素設計書架，也建議可放置大型植栽遮住屋角。圖片提供_采荷設計

將客廳格局修為方正形狀格局

不方正的房屋，客廳區域多會產生屋角
問題，建議將格局裝修為較方正形狀，
避開稜角狀況，運用圓弧造型電視櫃劃
分玄關和客廳，隔出較方正的客廳形
狀。圖片提供_德力設計

破解
4

利用傢具避掉屋角的影響

在屋角藉由傢具擺設與櫃體設計，避掉屋角稜線正對的視覺壓迫，消除零碎不完整的空間。圖片提供_德力設計

破解 5

重新劃分使用區域

遇到L型客廳，設計師將區域劃分為兩個使用空間，可彈性作為起居室或書房用途。圖片提供_杰瑪設計

破解 6

利用圓弧造型順化動線

屋行不正出現的畸零空間，常造成空間動線不順，利用圓弧造型順化多邊形屋型動線，改善原始條件不良的缺點。圖片提供_德力設計

破解
7

把不規則的邊角放進收納櫃

利用櫃體深度，將不規則的空間邊角線條收束整齊，同時增加收納效能。圖片提供_禾創設計

破解
8

吧檯串連空間弱化壁角

在廚房和餐廳之間以吧檯串連，也讓廚房旁的缺角不再明顯，也強化使用功能。圖片提供_隱巷設計

破解
9

利用畸零角落設置洗手檯

在衛浴的一角空缺，訂製符合空間尺寸的洗臉檯，底部懸空的設計搭配底部透出的燈光，讓畸零地化
身質感角落。圖片提供_德力設計

橫樑由大門外穿入玄關，財運易被搶奪
NG10 橫樑低且多

　　承受整棟樓壓力的橫樑，若從大門外由門頂垂直穿入大門內的區域，也就是主掌財運的內明堂，站在風水角度上而言，有著壓迫又侵略全家人財物的象徵，容易發生金錢財物被搶奪，財運與財路被阻斷的狀況，橫樑壓頂或從門穿入，在風水上稱為「穿心煞」。此外，許多老屋或舊公寓，常有樑柱多且低的情形，有些天花板也不高，讓室內的壓迫感很重，樑柱若是支撐結構用的，通常不能動，此時可藉由平鋪天花板或包樑修飾，消除空間壓迫感，同時化解風水上的疑慮。

破解 1

包樑轉向斜切線條修飾

樓高較低不適合再做平頂天花板，改用天花板包樑切出造型修飾，並略微調整造形天花製造樑轉向效果，降低進門的壓迫感。圖片提供_成舍設計

破解 2

樑下可設置收納高櫃

為了吸收橫樑所承受的壓力，樑下也可設計具有收納用途的高櫃，大門有橫樑，橫樑位置作玄關收納櫃，同時具備避樑與實用的功能。圖片提供_大荷設計

破解 3

利用燈光打向橫樑降低量體感

若是不想做天花板或擺放高櫃，利用落地式或掛牆式的朝天燈，以光能及溫度將橫樑吸收的壓力反推，是簡單的化解方式。圖片提供_陶璽設計

破解 4

木皮包樑加隔柵修飾

公共空間的橫樑相當突出，不藏樑而讓它露出，並以木皮和隔柵作出層次感，同時作為開放式公共空間的區域界定。圖片提供_寬引設計

破解
5

線板藏樑於天花造型中

運用線板設計造型天花，將樑包覆在造型之中，主要傢具避開樑下，維持垂直向的高度換取空間感，同時解決樑柱過多的問題。圖片提供_杰瑪設計

破解
6

橫樑位置設計間接照明

粗大的橫樑，選擇以燈光降低量體壓迫感，將公共空間改為開放式設計，在橫樑位置
設計向下和向上的燈光照明，柔化空間氣氛。圖片提供_力口建築

破解
7

幾何造型覆蓋惱人樑柱

由於樓高還算高，以幾何造型天花修飾樑柱，並藏住管線，為公共空間增添變化表情。
圖片提供_摩登雅舍

破解
8　橫樑結合夾層設計

挑高三米六的夾層，在門旁有一支橫樑經過，順勢做為夾層支撐，同時設計間接照
明，利用光線讓樑的存在感降低。圖片提供_設計

破解
9

以天花板包覆橫樑

透過弧形天花板造型，融入與間接照明的手法，提升空間在視覺上的寬廣度，同時將橫樑與管線藏在其中。圖片提供_德力設計

破解
10 用橫樑界定空間領域

將原本惱人的橫樑，變成就定公共空間區域的元素。以天花板修飾降低樑的粗大壓迫感，藉此分割客廳、餐廳空間領域。圖片提供_境美設計

破解
11 平移開門位置並包樑修飾

調整臥房門避開橫樑位置，同時以木作天花修飾突出大樑，並以木地板和集成木皮電視櫃，營造自然無壓力的空間氣氛。圖片提供_杰瑪設計

國家圖書館出版品預行編目資料

居家裝潢好風水！好宅風水禁忌250解
DIY檢視風水好宅，用裝修和佈置軟裝化解NG
風水格局，提升財運、事業、健康、姻緣、人
際五運並進／漂亮家居編輯部作
－－初版－－臺北市；麥浩斯出版；家庭傳媒
城邦分公司發行，2012.12
面；　公分－－(Solution ; 56)
ISBN 978-986-5932-59-6 (平裝)
1.家庭佈置 2.空間設計 3.改運法

422.5　　　　　　　　　　　101025670

Solution Book 56

居家裝潢好風水！好宅風水禁忌250解

DIY檢視風水好宅，用裝修和佈置軟裝化解NG風水格局，提升財運、事業、健康、姻緣、人際五運並進

責任編輯	楊宜倩
文字編輯	陳孝庭・劉繼珩・漂亮家居編輯部
封面內頁設計	艾迪
插畫	黃雅方・張小倫・蟲點子創意設計（毛毛蟲）
行銷企劃	周珈彤
發行人	何飛鵬
社長	許彩雪
總編輯	張麗寶
出版	城邦文化事業股份有限公司 麥浩斯出版
E-mail	cs@myhomelife.com.tw
地址	104台北市中山區民生東路二段141號8樓
電話	02-2500-7578
發行	英屬蓋曼群島商家庭傳媒股份有限公司城邦分公司
地址	104台北市民生東路二段141號2樓
讀者服務專線	0800-020-299（週一至週五上午09:30～12:00；下午13:30～17:00）
讀者服務傳真	02-2517-0999
讀者服務信箱	cs@cite.com.tw
劃撥帳號	1983-3516
劃撥戶名	英屬蓋曼群島商家庭傳媒股份有限公司城邦分公司
總經銷	高見文化行銷股份有限公司
電話	02-2668-9005
傳真	02-2668-6220
香港發行	城邦(香港)出版集團有限公司
地址	香港灣仔駱克道193號東超商業中心1樓
電話	852-2508-6231
傳真	852-2578-9337
馬新發行	城邦(馬新)出版集團 Cite (M) Sdn. Bhd. (458372U)
地址	41, Jalan Radin Anum, Bandar Baru Sri Petaling, 57000 Kuala Lumpur, Malaysia.
電話	603-9056-3833
傳真	603-9056-2833
製版印刷	凱林印刷事業股份有限公司
定價	新台幣380元整

ISBN 978-986-5932-59-6
2012年12月初版一刷・Printed in Taiwan
著作權所有・翻印必究（缺頁或破損請寄回更換）